棕头幽鹛
Puff-throated Babbler

体长：15-18厘米　居留类型：留鸟

　　特征描述：体型略小、上体橄榄褐色而腹部色浅的鹛。头顶栗棕色，具宽而显著的棕白色眉纹，颏、喉白色，其余下体皮黄白色，胸和两胁具黑色纵纹。
　　虹膜褐色；上喙黑色，下喙黄色；脚肉黄色。
　　生态习性：栖息于海拔1800米以下的低山森林和林缘灌丛与竹林中。
　　分布：中国见于云南。国外见于喜马拉雅山脉、斯里兰卡、中南半岛、马来半岛。

云南/宋晔

云南瑞丽/廖晓东

棕头幽鹛是云南南部中低海拔区内天然林下层的常见鸟种，常结小群取食于地面/云南瑞丽/廖晓东

白腹幽鹛
Spot-throated Babbler

体长：14厘米
居留类型：留鸟

特征描述：体型略小的黄褐色幽鹛。雌雄羽色相似，通体黄褐色，脸偏灰色，颏、喉乳白色，具不明显的褐色纵纹，下腹中央白色。

虹膜红褐色；喙角质褐色，下喙肉色；脚粉褐色。

生态习性：多单独活动于中高海拔的阔叶林、针叶林的林缘灌丛和竹林中，活泼但怯生，常隐匿于植被中下层，觅食于地面和灌丛。

分布：中国见于西藏东南部和云南西部。国外分布于喜马拉雅山脉中段和东段、印度东北部、缅甸，南至中南半岛。

广西弄岗国家级自然保护区/陈锋

广西弄岗国家级自然保护区/陈锋

台湾斑胸钩嘴鹛

Black-necklaced Scimitar Babbler

体长：23厘米
居留类型：留鸟

特征描述：身体较长的红褐色钩嘴鹛。头灰褐色，脸灰色，前额栗色，上体及尾红褐色，额、喉及胸腹部白色，前胸具黑色点斑形成纵纹，两胁深灰色，臀羽栗色。似斑胸钩嘴鹛，但背部颜色更偏棕红色，两胁深灰色少染棕色。

虹膜黄色；喙角质褐色；脚角质灰色。

生态习性：见于中低海拔常绿阔叶林及林下灌丛和竹林中，常隐匿于地面，翻捡腐叶下的食物，跳跃前行。

分布：中国鸟类特有种，仅分布于台湾岛。

台湾/杨桢淇

台湾/陈世明

台湾/杨桢淇

台湾/吴崇汉

华南斑胸钩嘴鹛
Grey-sided Scimitar Babbler

体长：23厘米
居留类型：留鸟

特征描述：身体较长的红褐色钩嘴鹛。头顶及尾棕褐色，前额和脸颊锈红色，眼先白色，上体红褐色，颏喉灰白色，前胸具黑色点斑连成的纵纹，下腹及两胁灰色。似斑胸钩嘴鹛，但下体为灰色，两胁少染棕色。

虹膜淡黄白色；喙粉褐色；脚角质褐色。

生态习性：多单独或集小群活动于中低海拔山地森林中，也见于丘陵灌丛、草丛和园林中，隐匿而怯人，常能听到其翻捡落叶的声音。过去作为斑胸钩嘴鹛*Pomatorhinus erythrocnemis*甚至是锈脸钩嘴鹛*Pomatorhinus erythrogenys*的亚种，现多数观点认为其为独立种。

分布：中国鸟类特有种，分布于安徽、湖南、江西、浙江、福建以及广东、广西等省区。

江西九连山/田穗兴

福建永泰/郑建平

1168

江西井冈山/林剑声

棕颈钩嘴鹛
Streak-breasted Scimitar Babbler

体长：16~19厘米　居留类型：留鸟

特征描述：体型中等、喙细长而下弯的鹛。具显著的白色眉纹和黑色贯眼纹，后颈栗红色，喉白色，胸具纵纹。
虹膜褐色；上喙黑色，下喙黄色；脚铅褐色。
生态习性：栖息于低山和平原地带的阔叶林、次生林、竹林和灌丛中，也出入于村寨附近的茶园、果园、路旁丛林和农田地灌木丛间。
分布：中国分布于西藏、西南、华南、东南、海南岛。国外分布于喜马拉雅山脉、中南半岛北部。

江西鹰潭/曲利明

四川唐家河国家级自然保护区/黄徐

广西/杨华

江西鹰潭/曲利明

台湾棕颈钩嘴鹛
Taiwan Scimitar Babbler

体长：16~19厘米　　居留类型：留鸟

特征描述：似棕颈钩嘴鹛。头顶深灰褐色，后颈棕红色，形成宽阔的领环，背橄榄褐色，喉、胸白色，胸具粗大的椭圆形斑，两胁和腹栗棕色，腹杂有白色。
虹膜褐色；上喙黑色，下喙黄色；脚铅褐色。
生态习性：同棕颈钩嘴鹛。
分布：中国鸟类特有种，仅分布于台湾岛。

台湾/陈世明

台湾/吴崇汉

棕颈钩嘴鹛和斑胸钩嘴鹛通常均结群活动/台湾/许莉菁

棕头钩嘴鹛
Red-billed Scimitar Babbler

体长：23厘米
居留类型：留鸟

　　特征描述：中等体型的棕褐色钩嘴
鹛。头顶至上体棕褐色，具粗白色眉
纹和黑色眼罩，颏喉至整个下体纯白
色或染皮黄色，两胁染褐色。
　　虹膜黑褐色；**喙**亮橘红色，长而下
弯；**脚**粉褐色至角质褐色。
　　生态习性：单独或成对栖息于中等
海拔的常绿阔叶林和竹林下，觅食于
灌丛和植被中下层，活泼而易发现。
　　分布：中国见于西藏东南部以及云
南西部和南部。国外分布于印度东北
部至中南半岛。

云南/田穗兴

云南/田穗兴

红嘴钩嘴鹛
Coral-billed Scimitar Babbler

体长：22厘米
居留类型：留鸟

特征描述：中等体型的棕褐色钩嘴鹛。头顶棕褐色或黑色，具白色眉纹，眉纹上方具黑色边，有黑色脸罩，上体棕褐色至橄榄褐色，颏、喉纯白色，下体深棕色或浅皮黄色。

虹膜黑褐色；喙橘粉色，长而略下弯；脚角质灰色。

生态习性：栖息于中低海拔常绿阔叶林和灌丛中，性活泼而怯生，多单独或成对活动，少与其他鹛类混群。

分布：中国见于西藏东南部以及云南西部、南部和东南部。国外分布于喜马拉雅山脉东段、印度东北部至中南半岛北部。

西藏山南/李锦昌

红嘴钩嘴鹛也光顾开花的米团花，取食花蜜/云南铜壁关/陈亮

剑嘴鹛

Slender-billed Scimitar Babbler

体长：21-22厘米　居留类型：留鸟

特征描述：体型略小色深、喙极细长而下弯的鹛。头青石灰色，具窄长的白色眉纹，喉偏白色，上体棕褐色，下体锈红色。
虹膜红褐色；喙黑色；脚暗灰色。
生态习性：栖息于低山丘陵地带的常绿阔叶林、次生林和竹林中，也活动于人工林和针叶林中。
分布：中国见于云南、西藏。国外分布于喜马拉雅山脉、缅甸、越南。

西藏山南/李锦昌

云南保山/董磊

云南保山/董磊

长嘴鹩鹛
Long-billed Wren Babbler

体长：13厘米
居留类型：留鸟

特征描述：体型略小的黄褐色鹩鹛。喙型似钩嘴鹛而易与其他鹩鹛区分。通体褐色而具黄褐色纵纹，头具黑色贯眼纹和下颊纹，颏、喉皮黄色，两翼和尾橄榄褐色。

虹膜黑褐色；喙角质黑色，长且略下弯；脚粉褐色至角质褐色。

生态习性：多单独活动于中低海拔近水的常绿阔叶林、竹林及灌丛中，觅食于地面。

分布：中国见于西藏东南部，云南西部和西北部。国外分布于喜马拉雅山脉东段、缅甸北部。

西藏山南/李锦昌

西藏山南/李锦昌

1177

灰岩鹪鹛

Limestone Wren Babbler

体长：17-19厘米
居留类型：留鸟

　　特征描述：体型略大的深灰褐色鹪鹛。上体橄榄褐色，具黑色鳞状斑，颏、喉和上胸白色，具暗色纵纹，其余下体橄榄褐色，腹部中央有近白色的纵纹，比短尾鹪鹛体大且尾长。

　　虹膜红褐色；上喙深角褐色，下喙灰铅色；脚灰褐色。

　　生态习性：栖息于低山丘陵的灌丛和石灰岩地带。

　　分布：中国见于云南南部。国外分布于泰国、缅甸、越南。

云南西双版纳/沈越

云南西双版纳/沈越

短尾鹪鹛
Streaked Wren Babbler

体长：14~16厘米
居留类型：留鸟

特征描述：体型小的褐色鹪鹛。头顶及上背褐色，具黑色鳞斑，脸侧灰色，次级飞羽、三级飞羽及大覆羽具白色点斑，喉及上胸白色，具深色纵纹，下体棕褐色，尾极短。
虹膜褐色；喙褐色；脚偏粉色。
生态习性：栖息于海拔1500米以下山地的常绿阔叶林和灌丛中，尤喜石灰岩地区。
分布：中国见于云南、广西。国外分布于印度、中南半岛、马来半岛。

云南瑞丽/沈越

云南/张永

台湾鹪鹛
Taiwan Wren Babbler

体长：9厘米　居留类型：留鸟

特征描述：身体极小的鳞胸鹪鹛。上体暗黑褐色，头顶至上背包括两翼密布皮黄色点斑，颏、喉偏白色，下体黑色而具白色羽缘，形成鳞状斑。

虹膜黑色；喙角质黑色；脚粉褐色至角质褐色。

生态习性：隐匿活动于中高海拔的阔叶林和针阔混交林的下层，性隐匿，在地面窜行而难以发觉。其分类地位直到最近才趋于稳定，以前作为小鳞胸鹪鹛*Pnoepyga pusilla*的亚种，后认为其应为鳞胸鹪鹛*Pnoepyga albiventer*的亚种，现多数学者认为其为独立种。

分布：中国鸟类特有种，仅分布于台湾岛。

台湾/林月云

台湾/吴威宪

台湾/林月云

小鳞胸鹪鹛
Pygmy Wren Babbler

体长：8-9厘米　　居留类型：留鸟

特征描述：尾极短小的鹛类。上体暗褐色，翅上具两列棕色点斑，下体白色或棕黄色，具暗色扇贝形斑。
虹膜浅褐色；喙黑色；脚粉红色。
生态习性：栖息于海拔1200-3000米的阴暗潮湿森林中，生境中林下植被发达、多岩石和倒木。
分布：中国分布于西藏、西南、华中、华东、华南。国外分布于尼泊尔、中南半岛、马来西亚、印度尼西亚、东帝汶。

贵州/田穗兴

1181

斑翅鹩鹛

Bar-winged Wren Babbler

体长：11厘米　居留类型：留鸟

特征描述：体型较小的灰棕色鹩鹛。各亚种间形态差异较大。头顶具黑白色斑驳横纹，颈背灰棕色或红棕色，具白色点斑或点斑不明显，两翼具黑白色横纹而形成"斑翅"，颏喉至上胸纯白色或橙色，下体灰棕色至橙棕色，部分具横斑。

虹膜黑褐色，具白色眼圈；喙角质黑色；脚角质褐色。

生态习性：多见单独活动于中高海拔的常绿阔叶林、针阔混交林或针叶林、竹林和灌丛中，觅食于地面，隐匿而难于发现。

分布：中国见于甘肃南部、陕西秦岭、重庆、湖北、湖南西部、四川东北部和中南部、云南西部和西北部。国外分布于喜马拉雅山脉东段、缅甸东北部。

四川雷波/戴波

四川雷波/戴波

四川峨边/戴波

长尾鹩鹛
Long-tailed Wren Babbler

体长：11厘米　　居留类型：留鸟

特征描述：体型较小的橄榄褐色鹩鹛。头偏灰色，额、喉颜色较浅，上体橄榄褐色，具深色鳞状斑，喉至胸腹灰褐色，具白色鳞状羽缘，尾较其他鹩鹛为长。

虹膜红褐色；喙角质黑色；脚粉褐色。

生态习性：多见于中海拔的落叶阔叶林、针阔混交林、灌丛和竹林中，习性同其他鹩鹛。

分布：中国见于云南西部和东南部。国外分布于印度东北部、缅甸和越南北部。

云南/董江天

短尾鹩鹛

Rufous-throated Wren Babbler

体长：8-9厘米　　居留类型：留鸟

特征描述：尾短小的鹛类。上体橄榄褐色，黑色的翅上具橄榄褐色，下体由颏至喉部棕色，腹部白色深，具有白色鳞状斑纹。虹膜褐色；喙黑色；脚褐色。

生态习性：栖息于海拔1700-2500米山地的林下植被发达的森林中，性隐秘因此对其生态习性知之甚少。

分布：中国仅分布于西藏东南部地区，为甚罕见的留鸟。国外分布于喜马拉雅山脉东部、不丹和印度东北部。

西藏山南/李玉莹

丽星鹩鹛
Spotted Wren Babbler

体长：10厘米
居留类型：留鸟

特征描述：体型较小的黑褐色鹩鹛。通体黑褐色，两翼和尾羽棕褐色，具黑色横斑，颈背、颏、喉和下体具白色星状点斑，两胁和下腹具矛状斑纹。

虹膜黑色；喙角质褐色；脚角质褐色。

生态习性：隐匿活动于中低海拔近溪流和沟谷的常绿阔叶林、竹林及灌丛下层，觅食于地表，善于在地面跳跃奔跑，叫声单调而洪亮。

分布：中国见于云南西部及东南部、福建、江西和浙江。国外分布于喜马拉雅山脉中段、缅甸北部和中南半岛北部。

江西武夷山/林剑声

江西武夷山/林剑声

红头穗鹛
Rufous-capped Babbler

体长：11厘米
居留类型：留鸟

　　特征描述：体型较小的橄榄黄色穗鹛。通体橄榄黄色，前额至头顶橙红色，两翼和尾部深橄榄色，下体和喉部更显黄色。

　　虹膜黑褐色，具细白色眼圈；喙角质黑色；脚角质灰色。

　　生态习性：常单独或成对活动于低海拔至中海拔山地的常绿阔叶林、灌丛、林缘和竹林中，也见于苗圃、公园和小区绿地，冬季常和小型鸟类组成混合群，鸣声独特而易被发觉。

　　分布：中国广布于长江流域及以南地区，包括台湾岛和海南岛。国外分布于喜马拉雅山脉东段至缅甸北部、中南半岛北部。

台湾/林月云

广西/张永

1186

四川成都/董磊

台湾的红头穗鹛由于海峡的隔离，已经形成了一些独特的遗传特征/台湾/林月云

黑颏穗鹛

Black-chinned Babbler

体长：10厘米
居留类型：留鸟

　　特征描述：体型较小的黄棕色穗鹛。整体黄褐色，两翼和上背以及尾上覆羽橄榄褐色，眼先和颏、喉黑色。

　　虹膜黑色；上喙角质褐色，下喙肉色；脚粉褐色。

　　生态习性：多单独活动于常绿阔叶林的林下灌丛及地面，常与其他小型鸟类混群，为2010年发现的中国鸟类新种。

　　分布：中国见于西藏南部。国外分布于喜马拉雅山脉中段和西段。

西藏樟木/董江天

西藏樟木/宋晔

金头穗鹛
Golden Babbler

体长：11厘米
居留类型：留鸟

　　特征描述：体型较小的金黄色穗鹛。全身金黄色而头冠部具细黑色纵纹，脸部和眼先深色，两翼和尾羽以及上背深橄榄黄色。

　　虹膜黑色；喙灰黑色；脚角质黄色。

　　生态习性：多成对或集小群栖息于中低海拔山地的雨林、阔叶林、竹林及林缘灌丛中，活动于植被中下层，常见与其他小型鸟类混群。

　　分布：中国见于云南西北部、西部、东南部和南部以及西藏东南部。国外分布于喜马拉雅山脉中段经缅甸北部至中南半岛、马来半岛和苏门答腊岛。

云南德宏/李锦昌

云南保山/翁发祥

弄岗穗鹛
Nonggang Babbler

保护级别：IUCN：近危　体长：17厘米　居留类型：留鸟

　　特征描述：体型较大的黑褐色穗鹛。雌雄羽色相似，通体黑褐色，头部和下体更偏黑色，耳后具月牙状白色斑，前额和颏部具硬穗状羽，喉部具白色斑。
　　虹膜蓝白色；喙角质黑色而尖端色浅；脚角质褐色。
　　生态习性：多成对或集小群活动于喀斯特地区森林下的地表和灌丛中，性隐匿且多活动于阴暗的林下环境，因体羽暗淡而难于发现，是21世纪中国鸟类学者发现并描述发表的第一个新鸟种。
　　分布：中国鸟类特有种，仅分布于广西的西南部。

广西弄岗/张永

石灰岩山地森林林下崎岖幽暗的环境是弄岗穗鹛的典型生境/广西弄岗/张永

广西弄岗/徐勇

要拍摄到栖于"暴露"枝头的弄岗穗鹛，需要耐心和运气/广西弄岗/徐勇

广西弄岗/赵文庆

黑头穗鹛
Grey-throated Babbler

体长：13厘米　　居留类型：留鸟

特征描述：体型略小的橄榄褐色穗鹛。头具白色眉纹和黑色下颊纹，侧冠纹黑色且延长至枕后，前额至后枕密布细白色纵纹，喉灰黑色，两侧具一白色椭圆形髭斑，耳羽红褐色，上体包括尾部和两翼橄榄褐色，尾端深色，下体深皮黄色。

虹膜金黄色；喙角质灰色；脚黄绿色至黄褐色。

生态习性：成对或集小群栖息于中低海拔山地的雨林、常绿阔叶林以及竹林的林缘和林下灌丛中，活动于植被中下层，性安静，行动隐匿而不易发现。

分布：中国见于西藏东南部，云南西部、西北部、南部和东南部以及广西西南部。国外分布于喜马拉雅山脉中段经缅甸至中南半岛、马来半岛、苏门答腊岛和加里曼丹岛。

云南/林黄金莲

广西/张永

云南/林黄金莲

云南/林黄金莲

云南/林黄金莲

斑颈穗鹛
Spot-necked Babbler

体长：16厘米　　居留类型：留鸟

　　特征描述：体型略大的棕褐色穗鹛。头顶棕褐色，具不明显的白色眉纹和黑色侧冠纹，前额白色，脸颊灰色，颈侧黑色且具由细白色纵纹而构成的"斑颈"，下颊纹灰黑色，喉白色，上体、两翼、尾羽以及下体棕褐色。
　　虹膜红褐色；喙灰色；脚黄色至角质黑色。
　　生态习性：多单独或成对栖息于中低海拔山区的雨林、阔叶林、竹林和林下以及林缘灌丛中，性活泼但甚怯人，活动于植被中下层而不易发现。
　　分布：中国见于云南西南部、南部和广西西南部以及海南岛。国外分布于中南半岛和苏门答腊岛。

海南/张永

纹胸巨鹛
Striped Tit Babbler

体长：13厘米　　居留类型：留鸟

特征描述：体型略小的黄褐色鹛类。通体蛋黄色，头顶栗棕色，眼先深色，上体橄榄黄色，尾羽棕褐色。

虹膜黄白色；喙角质黑色；脚角质褐色。

生态习性：单独或集小群栖息于中低海拔的多种生境，包括雨林、阔叶林、竹林和灌丛，也见于村落、农田、荒地周围的灌丛和竹林，觅食于植被中下层。

分布：中国见于云南西部、南部和东南部。国外分布于印度南部和东部、喜马拉雅山脉至东南亚。

秋冬季节纹胸巨鹛常结群活动，多可至数十只/广西/杨华　　　　　　　　　　　　　　　　　　　　　　　广西/张永

并非每一只纹胸巨鹛胸前的纵纹都如此清晰/云南/林黄金莲

1195

红顶鹛

Chestnut-capped Babbler

体长：17厘米　居留类型：留鸟

特征描述：体型略大的棕褐色鹛类。前额至后枕栗红色，具粗短的白色眉纹，眼先黑色，脸颊、颏喉及上胸白色，颈侧至胸前灰色，其余体羽棕褐色。

虹膜黑色；喙角质黑色；脚角质褐色。

生态习性：常单独或集小群栖息于中低海拔开阔地带的草丛、灌丛等低矮植被中，性活泼但隐匿，易发觉但难于观察。

分布：中国见于云南西部、南部、东南部，贵州中部和南部，广西和广东西部。国外分布于喜马拉雅山脉中段经缅甸至整个中南半岛以及东南亚。

云南/宋晔

金眼鹛雀
Yellow-eyed Babbler

体长：19厘米
居留类型：留鸟

特征描述：体型较大的棕色鹛雀。头、脸颊至整个上体棕褐色，两翼栗红色，具细短的白色眉纹，下颊、颏、喉至整个下体白色，两胁和尾下覆羽染棕色。

虹膜黄白色，具明显的红色眼圈；喙黑色；脚橙黄色。

生态习性：多单独或成对栖息于低海拔山区和平原的林缘、荒地、河谷以及竹林中，也见于公园、农田、苗圃和芦苇丛，性活泼，鸣声洪亮而易被发现。

分布：中国见于云南西部、西南部、南部和东南部，贵州中南部和广西西部以及广东。国外分布于喜马拉雅山脉、印度次大陆至中南半岛。

云南/林剑声

云南/宋晔

宝兴鹛雀

Rufous-tailed Babbler

体长：14厘米　居留类型：留鸟

特征描述：中等体型的棕褐色鹛雀。头部棕褐色，具不明显的细白色眉纹，脸颊灰色而具斑驳的白色横纹，上体包括两翼和楔形尾棕褐色，颏喉至上胸白色，有时膨起，下体皮黄色而两胁和尾下覆羽灰褐色。
虹膜黑色；喙角质灰色；脚粉褐色至角质褐色。
生态习性：栖息于中高海拔山地的森林林缘灌丛和竹林中，性活泼但较难发现，觅食于林地中下层，通常单独或成对活动。
分布：中国鸟类特有种，仅见于四川北部、西部、中南部和西南部以及云南西北部。

四川阿坝/王昌大

宝兴鹛雀通常单独活动/四川/宋晔

在四川西部一些较为干爽的河谷中，适宜生境下宝兴鹛雀并不罕见/四川阿坝/王昌大

矛纹草鹛

Chinese Babax

体长：26厘米　居留类型：留鸟

特征描述：中等体型的棕褐色草鹛。顶冠棕褐色，脸部浅褐色且颜色斑驳，具棕褐色下颊纹，上背和下体具棕褐色和白色相间的纵纹，两翼和尾羽棕褐色，尾部具深色横斑，下体纵纹呈尖矛状，颏喉、胸至下腹白色染灰色。

虹膜黄白色；喙角质黑色；脚角质灰色。

生态习性：从低海拔山地至高山草甸均有分布，见于常绿阔叶林、针阔混交林、针叶林以及林缘、灌丛中，常集小群活动，性活泼且嘈杂，取食于植被中下层，有时也与其他噪鹛混群。

分布：中国见于青藏高原东南部、长江流域中上游及以南区域，但不见于台湾岛和海南岛。国外见于缅甸中部和东部。

矛纹草鹛群体在地面附近移动觅食时，群鸟常以叫声保持联络，这在噪鹛中是普遍的行为/重庆南川/肖克坚

四川理县/董磊

重庆/张永

大草鹛
Giant Babax

保护级别：IUCN：近危　　体长：32厘米　　居留类型：留鸟

特征描述：体型较大的灰褐色草鹛。雌雄羽色相似，通体具白色和灰褐色纵纹，颊部颜色较淡，额、喉及胸部污白色。
虹膜黄白色；喙角质黑色；脚角质黑色。
生态习性：多成对或集小群活动于高海拔山地的河谷和低矮灌丛中，也见于村落、寺庙和农田一带，性活泼而隐匿。
分布：中国仅分布于西藏南部。国外边缘分布于尼泊尔和不丹。

西藏乃东/肖克坚

西藏/张明

西藏/张明

棕草鹛
Tibetan Babax

保护级别：IUCN：近危
体长：28厘米
居留类型：留鸟

　　特征描述：体型略大的棕红色草鹛。通体棕红色，头部、脸颊颜色较深，喉部污白色，颈背具污白色细纹，两翼飞羽的羽缘灰白色。

　　虹膜黄白色；喙角质黑色；脚角质黑色。

　　生态习性：常成对或集小群栖息于高海拔的河流、沟谷及林缘灌丛中，也见于农田和村落一带，性活泼而机警。

　　分布：中国鸟类特有种，仅分布于西藏东南部、青海南部和四川西北部。

青海/张永

青海/宋晔

黑脸噪鹛
Masked Laughingthrush

体长：30厘米　　居留类型：留鸟

特征描述：体型较大的灰褐色噪鹛。雌雄羽色相似，前额至眼后绕耳羽至下颊形成黑色脸罩，通体灰褐色，头顶和下体颜色稍淡，两翼无图纹，尾下覆羽棕黄色。

虹膜黑色；喙角质黑色；脚黄褐色至角质褐色。

生态习性：多成对或集小群活动于低山丘陵和平原的灌丛、竹林及沟谷地带，也见于田野、村落、园林和城市绿地，叫声洪亮而易发现。

分布：中国广布于长江流域及以南地区，但不包括云南中西部、台湾岛和海南岛。国外仅边缘性见于越南北部。

福建福州/曲利明

福建永泰/郑建平

黑脸噪鹛是中国中南到东南一带低地最常见的噪鹛之一，适应有人类干扰的生境/福建福州/曲利明

白喉噪鹛

White-throated Laughingthrush

体长：28厘米
居留类型：留鸟

　　特征描述：体型略大的棕褐色噪鹛。通体棕褐色，前额、下腹至尾下覆羽棕黄色，喉部至上胸白色且常膨起，尾羽楔形，两侧尾羽尖端白色。

　　虹膜灰白色或灰褐色；喙角质黑色；脚角质灰色。

　　生态习性：常成对或集小群活动于中高海拔山地的阔叶林、针阔混交林和针叶林的林下及林缘灌丛中，性嘈杂而机警。

　　分布：中国见于陕西南部、湖北西部、重庆东北部、青海东部、甘肃南部、四川、云南以及西藏南部。国外分布于喜马拉雅山脉至中南半岛极北部。

四川凉山/董磊

陕西洋县/沈越

台湾白喉噪鹛
Rufous-crowned Laughingthrush

体长：28厘米　　居留类型：留鸟

特征描述：体型略大的棕褐色噪鹛。似白喉噪鹛但顶冠棕红色，下腹至尾下覆羽灰白色，下胸形成棕褐色胸带。
虹膜黑褐色；喙角质黑色；脚黄褐色。
生态习性：栖息于中低海拔山地阔叶林、针阔混交林及林下灌丛和竹林中，多成对或集小群活动于植被中下层，性怯人但鸣声洪亮而易发现。过去作为白喉噪鹛*Garrulax albogularis*的亚种，现多认为其为独立种。
分布：中国鸟类特有种，仅分布于台湾岛中部山区。

台湾/陈世明

台湾/吴敏彦

台湾/吴敏彦

1207

白冠噪鹛

White-crested Laughingthrush

体长：29厘米
居留类型：留鸟

　　特征描述：体型略大的棕白色噪鹛。雌雄羽色相似，头部具黑色眼罩，颈背具灰色或栗色颈圈，上体包括两翼和尾上覆羽栗红色，其余部分包括颈、额喉、胸至腹部纯白色。视亚种不同有的下体为纯白色，有的下腹至尾下覆羽栗红色且与上腹白色界限明显，尾羽颜色较深。

　　虹膜黑色；喙黑色；脚角质黑色。

　　生态习性：多集小群活动于中低海拔山地的常绿阔叶林的林下灌丛和竹林中，取食于地面，性嘈杂而不惧生。

　　分布：中国见于西藏东南部，云南西部、西南部、南部和东南部。国外分布于喜马拉雅山脉至中南半岛和苏门答腊岛西部。

云南德宏/李锦昌

白冠噪鹛群体常在较大的范围内游荡，喜阔叶林下的落叶堆/云南德宏/王昌大

小黑领噪鹛
Lesser Necklaced Laughingthrush

体长：28厘米　　居留类型：留鸟

特征描述：体型略大的灰褐色噪鹛。头部顶冠灰褐色，具粗而长的白色眉纹和黑色贯眼纹，下颊纹细呈黑色，后枕和上背棕黄色，耳后至前胸具一宽阔的黑色胸带，胸带上方棕黄色，两胁和尾下覆羽棕红色，其余体羽灰褐色，尾楔形，两侧尖端白色。

虹膜黄白色；喙角质灰色；脚角质灰色。

生态习性：常集小群活动于中低海拔山地的阔叶林、林下灌丛和竹林中，性喧闹而嘈杂，觅食于地面和植被中下层，有时也与黑领噪鹛等其他噪鹛混群。

分布：中国见于云南西部、西南部和南部，湖南、湖北、贵州、浙江、安徽、江西、福建、广西、广东和海南岛，不见于台湾岛。国外分布于喜马拉雅山脉至中南半岛。

广西/杨华

福建福州/曲利明

福建福州/曲利明

黑领噪鹛
Greater Necklaced Laughingthrush

体长：30厘米
居留类型：留鸟

　　特征描述：体型较大的灰褐色噪鹛。头顶灰褐色，眉纹细而呈白色，贯眼纹和下颊纹黑色，后枕、颈背、两胁和尾下覆羽棕红色，耳后沿颈侧至前胸具宽阔的黑色或灰色胸带，颏喉、上胸和下胸白色，其余上体灰褐色，尾羽楔形且两侧尾羽尖端白色。似小黑领噪鹛但体型更大，黑色贯眼纹不至眼先，两翼初级覆羽色较深，耳羽明显黑色而夹以白色。
　　虹膜棕褐色；喙角质灰色；脚角质灰色。
　　生态习性：集小群栖息于中低海拔山地的常绿阔叶林的林下灌丛和竹林中，性喧闹而较惧人，常与其他噪鹛混群。
　　分布：中国见于甘肃和陕西南部，长江流域及以南地区，包括海南岛，但不见于台湾岛。国外分布于喜马拉雅山脉中段至缅甸北部和东部以及中南半岛北部。

福建三明/姜克红

江西龙虎山/曲利明

陕西洋县/张代富

黑领噪鹛群体也需在连片的栖息地中做大范围游荡觅食/福建三明/姜克红

褐胸噪鹛
Grey Laughingthrush

体长：28厘米　　居留类型：留鸟

特征描述：体型略大的灰色噪鹛。雌雄羽色相近，通体深灰色，颏、喉、前胸染浅褐色，眼周黑褐色，后颊和耳羽灰白色。虹膜黑褐色；喙角质黑色；脚角质褐色。

生态习性：集小群活动于中低海拔的山地常绿阔叶林中，性隐蔽而不易发现，鸣唱时站立于树枝上端，多活动于植被中下层，因其分布海拔较低还常被观鸟者错过，冬季栖息地下移。

分布：中国见于西藏东南部、四川、云南、贵州、重庆、广西和广东。国外分布于越南北部。

广东韶关/李锦昌

条纹噪鹛
Striated Laughingthrush

体长：30厘米
居留类型：留鸟

特征描述：体型较大的橄榄褐色噪鹛。头顶黑褐色，常具明显冠羽，脸颊密布细白色纹，上体橄榄褐色而具细白色纵纹，下体灰褐色而具白色纵纹，尾羽纯橄榄褐色。

虹膜红褐色；喙角质黑色；脚粉褐色至角质褐色。

生态习性：栖息于中低海拔的常绿阔叶林、沟谷雨林和灌丛中，常单独或成小群活动，性活泼而喧闹，觅食于树上，较其他噪鹛更喜树栖。

分布：中国见于西藏南部、东南部，云南西部和西北部。国外分布于喜马拉雅山脉东部至印度东北部、缅甸北部。

西藏樟木/肖克坚

事实上，条纹噪鹛更喜在附生植物丰富的高大树木上沿树干觅食/西藏山南/李锦昌

栗颈噪鹛
Rufous-necked Laughingthrush

体长：24厘米　　居留类型：留鸟

特征描述：体型略小的灰褐色噪鹛。头顶灰褐色，耳羽至颈侧栗红色，其余脸颊、颏、喉至上胸黑色，通体深灰褐色，尾下覆羽栗红色。

虹膜黑褐色；喙角质黑色；脚角质灰色。

生态习性：多集小群栖息于中低海拔的常绿阔叶林和竹林中，也见于农田、荒地、林缘和沟谷的灌丛、竹丛和草丛中，性活泼而喧闹，常与其他噪鹛混群。

分布：中国见于西藏东南部和云南极西部。国外分布于喜马拉雅山脉中东部、缅甸北部。

云南瑞丽/肖克坚

黑喉噪鹛
Black-throated Laughingthrush

体长：26厘米
居留类型：留鸟

特征描述：中等体型的灰色噪鹛。头顶、颈侧、胸腹深灰色，后枕灰色和棕色，前额、颏、喉至上胸具狭窄的黑色区域，前额黑色羽上方具少量白色羽，贯眼纹黑色，两侧下颊和耳后具白色椭圆斑，上体、两翼至尾上覆羽棕褐色。仅见于海南岛的*monachus*亚种颊部黑色，上体棕褐色，有可能为一独立种。

虹膜红褐色；喙角质灰色；脚黄褐色至角质褐色。

生态习性：常单独或成小群栖息于中低海拔的季雨林、阔叶林和竹林中，也见于村落、田野和荒地周边的灌丛中，地栖性，活动于植被中下层，鸣声婉转悦耳。

分布：中国见于云南西部、西南部、南部和东南部，广西、广东、香港和海南岛。国外分布于中南半岛。

雄性黑喉噪鹛通常独居，有领域性/云南/董江天

海南/张明

1215

靛冠噪鹛

Blue-crowned Laughingthrush

保护级别：IUCN：极危
体长：23厘米
居留类型：留鸟

　　特征描述：体型略小的橄榄色噪鹛。头顶至后枕蓝青色，前额、颏部和脸罩黑色，上体橄榄褐色，两翼飞羽蓝灰色，喉鲜黄色，后颈、颈侧至胸腹部橄榄绿色，尾羽蓝灰色而尖端深色，两侧尾羽白色，尾下覆羽白色。

　　虹膜黑褐色；喙角质黑色；脚角质灰色。

　　生态习性：常成对或集小群栖息于常绿阔叶林的中上层，较其他噪鹛更偏树栖性，为中国最为珍稀的噪鹛，近年来对其研究较多但仍知之甚少。

　　分布：中国鸟类特有种，仅分布于江西婺源。

江西婺源/曲利明

江西婺源/林剑声

1216

繁殖期中，靛冠噪鹛常结大群活动，并集中筑巢。繁殖期外，其游荡范围可能非常大/江西婺源/林剑声

常有两只以上的成鸟参与照看同一巢幼雏/江西婺源/林剑声

灰胁噪鹛

Grey-sided Laughingthrush

体长：26厘米
居留类型：留鸟

特征描述：中等体型的棕黄色噪鹛。上
体棕黄色，头顶具黑色鳞状纹，眼周黑色且
裸皮为深色，后颊有白色点斑，颏、喉、
胸至下腹白色，两胁及下腹染灰色。似棕噪
鹛，但眼周无亮蓝色裸皮，喙尖不为黄色，
后颊具白色斑，且喉、胸为白色。

虹膜黑褐色；喙角质黑色；脚粉褐色。

生态习性：多成对或集小群活动于中海
拔的常绿阔叶林、灌丛和竹林中，觅食于林
下，有时与其他噪鹛类混群。

分布：中国见于西藏东南部、云南西部
和西南部。国外分布于喜马拉雅山脉东部、
印度东北部、缅甸北部和东部。

西藏山南/李锦昌

西藏山南/李锦昌

棕噪鹛
Rufous Laughingthrush

体长：27厘米
居留类型：留鸟

特征描述：中等体型的棕黄色噪鹛。眼先和颏黑色，眼后具蓝色裸皮，头、上背、喉及上胸棕黄色，两翼和尾羽棕红色，下胸和腹部浅灰色，尾下覆羽和臀羽纯白色。

虹膜黑褐色；喙灰黄色；脚角质灰色。

生态习性：常成对或集小群栖息于中海拔山地的常绿阔叶林下和竹林中，喜阴湿环境，性隐蔽而不易发现，但鸣声婉转动听而面临被捕捉的压力。

分布：中国鸟类特有种，分布于云南西北部、四川中南部、重庆南部、贵州北部和东部、湖北、安徽、江苏、上海、浙江、广东、广西和福建。

江西三清山/郭天成

在长江中下游地区见于中低海拔阔叶林中，也有游荡习性/福建武夷山/林剑声

台湾棕噪鹛
Rusty Laughingthrush

体长：27厘米
居留类型：留鸟

　　特征描述：中等体型的棕黄色噪鹛。外形似棕噪鹛，但头顶的褐色密横纹更明显，两翼飞羽具浅灰色羽缘，下腹深蓝灰色，尾下覆羽和臀羽浅皮黄色。

　　虹膜褐色；喙黑黄色；脚粉褐色至黄褐色。

　　生态习性：栖息于中低海拔山地常绿阔叶林的中下层，常集小群活动，习性同棕噪鹛。过去认为其为棕噪鹛 *Dryonastes berthemyi* 的亚种，现多数学者认为其为独立种。

　　分布：中国鸟类特有种，仅分布于台湾岛。

台湾/吴敏彦

台湾/吴敏彦

1220

山噪鹛
Plain Laughingthrush

体长：26厘米　居留类型：留鸟

特征描述：中等体型的灰褐色噪鹛。具不明显的浅色眉纹，眼先和颏深褐色，通体灰褐色，下体颜色稍淡，两翼飞羽的羽缘色较浅。

虹膜黑色；喙下弯明显，牙黄色而尖端染红色；脚粉褐色。

生态习性：多成对或结小群栖息于山区灌丛中，鸣声悦耳。

分布：中国鸟类特有种，分布于西至西藏东部，经西部、华中北部、山东，北至黑龙江西部，南到四川西部和陕西南部。

甘肃莲花山/郑建平

西藏/张明

冬季，山噪鹛几乎全靠灌丛落叶堆中可以找到的食物为生，主要在地面活动/西藏/张明

白颊噪鹛
White-browed Laughingthrush

体长：24厘米
居留类型：留鸟

　　特征描述：体型略小的棕褐色噪鹛。体羽棕褐色且偏灰色，头部顶冠深棕褐色且常耸起，具粗白色眉纹，眼先的白色和眉纹及下颊的白色相连，尾羽棕褐色，臀羽棕红色。

　　虹膜黑褐色；喙黑色；脚褐色。

　　生态习性：常见于中低海拔林下，也见于森林边缘、沟谷灌丛、村落、道旁、公园和城市绿化带，性喧闹嘈杂，胆大而不怯生，有时也与其他噪鹛混群。

　　分布：中国见于长江流域及以南地区，包括海南岛，但不见于长江下游和台湾岛。国外分布于印度东北部、缅甸北部和中南半岛中北部。

福建福州/姜克红

相比其他噪鹛，白颊噪鹛的鸣声显得单调/福建福州/姜克红

白颊噪鹛甚少进入密林，有时可以结成数十只以上的大群体/云南瑞丽/董磊

福建福州/张浩

黑额山噪鹛
Snowy-cheeked Laughingthrush

保护级别：IUCN：易危
体长：29厘米
居留类型：留鸟

特征描述：体型略大的红棕色噪鹛。雌雄羽色相似，头部具黑色贯眼纹和下颊纹，额黑色，下颊雪白色，上体橄榄褐色，两翼飞羽的羽缘灰白色，三级飞羽尖端白色，喉、颈侧至胸部葡萄红色染棕色，腹至臀羽棕红色，尾楔形，橄榄褐色，外侧尾羽偏灰色而末端白色。

虹膜黑褐色；喙上喙角质褐色，下喙牙黄色；脚粉褐色。

生态习性：成对或集小群活动于中高海拔的针叶林、针阔混交林下灌丛和竹林中，善鸣唱且性隐蔽耐高寒。

分布：中国鸟类特有种，分布于四川西北部和北部以及甘肃南部地带。

四川平武/肖克坚

牲畜粪便可能夹带未消化的种子，也可能有昆虫，常能吸引高海拔地区的黑额山噪鹛前来一探究竟/四川若尔盖/张铭

灰翅噪鹛
Moustached Laughingthrush

体长：23厘米　居留类型：留鸟

特征描述：体型较小的棕褐色噪鹛。通体棕褐色，头部顶冠黑色，眼先和眼下白色，眼后具黑色眼纹，下颊、喉侧至颈侧具黑色絮状纹，形似胡须，两翼初级飞羽羽缘灰白色，次级和三级飞羽具白色端斑和黑色次端斑，尾不为楔形，具白色端斑和黑色次端斑。

虹膜灰白色；上喙角质灰色，下喙牙黄色；脚粉褐色至黄褐色。

生态习性：多成对栖息于中低海拔山地的常绿阔叶林、针阔混交林、竹林及林缘灌丛中，性隐蔽，分布广但并不常见。

分布：中国见于黄河流域中游及以南的广大地区，但不见于台湾岛和海南岛。国外分布于印度东北部和缅甸北部。

福建鼓岭/罗永辉

福建鼓岭/罗永辉

福建福州/林剑声

斑背噪鹛
Barred Laughingthrush

体长：26厘米
居留类型：留鸟

　　特征描述：中等体型的黄褐色噪鹛。头土褐色而具白色眼罩，体羽黄褐色，背部体羽由黑色次端斑和棕白色端斑形成的鳞状斑，颈侧、胸至下腹同样具有相同的鳞状斑，两翼具黑色和棕白色排列的翼斑，初级飞羽的羽缘灰白色，尾羽棕褐色，尖端白色，两侧尾羽灰白色具白色端斑和黑色次端斑。

　　虹膜蓝白色；上喙角质褐色，下喙肉褐色；脚肉褐色。

　　生态习性：单独或成对栖息于中高海拔山地的落叶阔叶林、针阔混交林及针叶林的林下竹林和灌丛中，鸣声洪亮而易发现。

　　分布：中国鸟类特有种，分布于甘肃和陕西南部、湖北西部、重庆北部和东部、四川中西部和中南部。

四川卧龙/董磊

四川卧龙/董磊

白点噪鹛
White-speckled Laughingthrush

保护级别：IUCN：易危　　体长：27厘米　　居留类型：留鸟

特征描述：中等体型的黄褐色噪鹛。似斑背噪鹛但体型略显粗壮，背部和胸腹的斑纹多为点状斑而非鳞状斑，端斑均为纯白色，颈侧和两胁也具明显的雪白色点斑。

虹膜蓝白色；喙牙黄色；脚肉褐色。

生态习性：栖息于高海拔的高原针叶林、竹林、草甸灌丛和高山杜鹃灌丛中，多成对或集小群活动于植被中下层。

分布：中国鸟类特有种，分布于四川西南部和云南西北部。

云南丽江/肖克坚

云南丽江/肖克坚

白点噪鹛也适应较为干燥但有茂盛灌丛的松林，相对于形似的大噪鹛，其活动海拔其实相对较低/云南丽江/肖克坚

大噪鹛
Giant Laughingthrush

体长：34厘米　居留类型：留鸟

特征描述：体型甚大的棕红色噪鹛。头顶至枕后黑褐色，下颊纹黑褐色，脸颊和颊部棕红色，上体棕褐色，下体棕褐色，上体包括两翼和尾基密布黑色带白色端斑的斑点，初级飞羽具灰白色羽缘，尾较长，棕褐色，外侧尾羽尖端白色。

虹膜黑褐色；喙角质黑色；脚肉褐色至角质褐色。

生态习性：常见单独或成对活动于高海拔的山地灌丛、针叶林、草原和草甸中，也见于居民点周围，胆大而不惧人。过去曾被作为眼纹噪鹛*Ianthocincla ocellata*的一亚种，现多数观点认为其为独立种。

分布：中国鸟类特有种，仅分布于甘肃南部、青海东南部、四川西部、西藏东南部和云南西北部。

四川帕姆岭/沈越　　　　　　　　　　　　　　　　　　　　　　　　四川雅江/董磊

硕大有力的体格使大噪鹛可以在积雪中觅食求生/四川/张明

眼纹噪鹛
Spotted Laughingthrush

体长：32厘米
居留类型：留鸟

似大噪鹛的个体，但喉部颜色明显不同/西藏错那/肖克坚

　　特征描述：体型较大的棕黑色噪鹛。形态似大噪鹛但体型较小，体羽相似但更偏棕褐色，颏、喉为黑色而非棕红色。诸亚种耳羽颜色多有不同，亚种*ocellatus*和*maculipectus*似大噪鹛，前者皮黄色眉纹明显而耳羽栗红色，后者耳羽皮黄色；分布于中国大部的*artemisiae*亚种耳羽黑色且与顶冠和喉部相连形成黑色头罩。

　　虹膜黄白色；喙角质黑色；脚角质褐色至粉褐色。

　　生态习性：多成对或集小群活动于中高海拔的落叶阔叶林、针阔混交林及针叶林中，地栖性，性隐蔽而不易发现。分布海拔较大噪鹛为低。

　　分布：中国见于西藏南部、云南西部和东北部，甘肃南部，四川中部、西部和南部，重庆南部和东部，湖北西部以及广西东北部。国外分布于喜马拉雅山脉经印度东北部至缅甸北部。

*artemisiae*亚种/重庆南川/肖克坚

画眉
Hwamei

体长：22厘米
居留类型：留鸟

特征描述：体型略小的棕褐色鹛类。雌雄羽色相似，通体棕褐色而具细黑色纵纹，头顶纵纹明显，具白色眼圈且在眼后形成眼纹，延长至耳部，眼周具少量浅蓝色裸皮，下腹灰白色。

虹膜浅黄褐色；上喙角质灰色，下喙牙黄色；脚粉褐色。

生态习性：栖息于南方低海拔森林中，性隐匿而擅鸣唱，是中国面临捕捉压力最大的鸟类之一。

分布：中国广布于长江流域及以南的华中、西南、华南和东南地区，包括海南岛，台湾岛有逃逸种群。国外分布于中南半岛北部。

陕西洋县/沈越

画眉多见于林缘多灌草的生境/陕西洋县/沈越

画眉有领域性，多在面积很小的区域内活动/陕西洋县/柴江辉

江西龙虎山/曲利明

台湾画眉
Taiwan Hwamei

保护级别：IUCN：近危
体长：22厘米
居留类型：留鸟

　　特征描述：体型略小的棕褐色且纵纹密布的鸟类。形态似画眉，但通体颜色更偏褐色而非棕红色，无白色眼圈且眉纹浅色，不明显至缺失，通体特别是上背和头顶的纵纹较之画眉更为明显。

　　虹膜浅黄褐色；喙牙黄色；脚黄褐色。

　　生态习性：常见单独或成对栖息于平原至中低海拔山区的常绿阔叶林、灌丛、竹林及荒地间，善鸣唱而性活泼。过去多作为画眉*Leucodioptron canorum*亚种，现多数分类观点认为其为独立种。

　　分布：中国鸟类特有种，几乎遍布台湾全岛。

台湾/吴崇汉

台湾/陈世明

台湾/吴崇汉

台湾/陈世明

细纹噪鹛
Streaked Laughingthrush

体长：20厘米　　居留类型：留鸟

　　特征描述：体型甚小的棕褐色噪鹛。体羽棕褐色，头顶具细黑色纵纹，上背、颈侧、喉、胸及下腹部具细白色羽干而形成通体的细纹，下腹偏灰色。两翼橄榄棕色，两翼初级飞羽具不明显的灰白色羽缘，尾羽橄榄棕色，端部灰白色。
　　虹膜黑褐色；喙角质褐色；脚黄褐色。
　　生态习性：多见单独或集小群活动于中高海拔山地的河谷两侧灌丛中，也见于林缘、竹林、荒地和园林周边，觅食于植被中下层，性活泼而声嘈杂。
　　分布：中国仅见于西藏南部。国外分布于塔吉克斯坦、阿富汗和巴基斯坦北部至喜马拉雅山脉中段。

西藏樟木/董磊

西藏/张明

西藏/白文胜

西藏/张永

头顶羽毛竖起，两翅展开，胸部羽毛膨开，是一种威胁或展示的姿态/西藏樟木/肖克坚

丽星噪鹛
Bhutan Laughingthrush

体长：20厘米
居留类型：留鸟

　　特征描述： 体型甚小的棕褐色噪鹛。体色似细纹噪鹛，但上体更显棕褐色，头顶及颈背少灰色，外侧尾羽的灰白色端较短，后颊及颈侧密布白色星状点斑。
　　虹膜黑褐色；上喙角质褐色，下喙角质黄色；脚角质褐色。
　　生态习性： 习性同细纹噪鹛，过去作为细纹噪鹛的亚种，现有分类观点认为其为独立种。
　　分布： 中国见于西藏南部和东南部。国外分布于不丹和印度东北部。

西藏山南／李锦昌

西藏山南／李锦昌

蓝翅噪鹛
Blue-winged Laughingthrush

体长：24厘米　居留类型：留鸟

特征描述：中等体型的褐色噪鹛。通体灰褐色而具鳞状斑纹，眉纹黑色，两翼棕红色而具灰蓝色羽缘，尾羽深蓝色且尖端棕红色。

虹膜蓝白色；喙角质黑色；脚灰黑色。

生态习性：多见单独或成对活动于近水源的中低海拔常绿阔叶林和竹林中，隐蔽而不易发现。

分布：中国见于云南西北部、西部、西南部、南部和东南部。国外分布于喜马拉雅山脉中东部、印度东北部、缅甸北部、越南西北部。

云南保山/李锦昌

1237

纯色噪鹛

Scaly Laughingthrush

体长：23厘米　居留类型：留鸟

特征描述：体型略小的橄榄褐色噪鹛。雌雄羽色相似，通体体羽橄榄褐色而密布深色鳞状斑，头部具淡细白色眉纹，头部和颏、胸偏黑色，两翼橄榄黄色且具黄绿色斑块，尾羽橄榄黄色而外侧具白色端斑。

虹膜红褐色至黄白色；喙角质黑色；脚粉褐色至角质褐色。

生态习性：单独或集小群栖息于中高海拔的常绿阔叶林、针阔混交林及针叶林下灌丛、竹林中，活动地区海拔一般较蓝翅噪鹛为高。

分布：中国见于西藏南部、云南西部和中南部。国外分布于喜马拉雅山脉中段经印度东北部、缅甸北部至中南半岛极北部。

西藏山南/李锦昌　　　　　　　　　　　　　　　　　　　　　　　　　　西藏/张明

西藏/张永

橙翅噪鹛

Elliot's Laughingthrush

体长：26厘米
居留类型：留鸟

　　特征描述：中等体型的褐色噪鹛。通体羽色褐色，脸部褐色较深，具黑色眉纹，两翼暗褐色，具有橙黄色翅斑，尾羽楔形且具白色端斑，尾下覆羽栗红色。

　　虹膜黄白色；喙角质黑色；脚粉褐色。

　　生态习性：常见成对或集小群活动于中高海拔山地的林缘灌丛、竹林和近林开阔地，觅食于林下和地表，性活泼而声喧闹，不甚怕人，常见且易发现，有时与其他噪鹛类混群。

　　分布：中国鸟类特有种，分布于北至甘肃西北部和青海东部，西至西藏东部，南至云南西北部和贵州西北部，东至陕西南部、重庆南部、湖北西部和贵州东北部。

重庆金佛山/肖克坚

四川天全/董磊

杂色噪鹛
Variegated Laughingthrush

体长：25厘米　居留类型：留鸟

　　特征描述：中等体型的灰色而多色斑的噪鹛。头灰色而前额粉白色，脸罩黑色，眼后具一小三角白色斑，下颊至颈侧白色染棕色，额、喉黑色，体羽灰褐色，两翼羽色较丰富，初级飞羽羽缘橄榄黄色，次级飞羽羽缘灰白色，初级覆羽黑色，大覆羽栗红色，下体灰褐色而臀羽栗红色，尾羽中央基部黑色，外侧和尖端橄榄褐色并具灰白色端斑。
　　虹膜黄褐色；喙角质黑色；脚粉褐色。
　　生态习性：多成对或集小群活动于中高海拔山地的溪流山谷灌丛和阔叶林下，性活泼而怯生，在中国分布面积狭窄不易发现。
　　分布：中国仅见于西藏南部。国外分布于喜马拉雅山脉西段至中段。

西藏吉隆/肖克坚

西藏/张明

西藏吉隆/肖克坚

灰腹噪鹛

Brown-cheeked Laughingthrush

体长：26厘米　居留类型：留鸟

　　特征描述：中等体型的灰色噪鹛。通体深灰色，具细白色眉纹和宽阔的白色下颊纹，脸罩棕褐色，两翼青黑色，初级飞羽蓝灰色，尾羽青黑色，臀羽栗红色。

　　虹膜黑褐色；喙粉褐色；脚粉褐色。

　　生态习性：多见成对或集小群栖息于高海拔的台地、河谷和近溪流的林缘、灌丛、开阔地以及落叶林下，觅食于植被中下层，体色暗淡于林下不易发现，不惧人且喜活动于开阔地带。分布于西藏东南部的亚种gucenense与指名亚种差别甚大，无褐色脸罩且通体灰褐色，两翼和尾部纯青黑色，虹膜黄白色，无眉纹和下颊纹，此亚种分类地位还有待进一步研究。

　　分布：中国见于西藏南部和东南部。国外分布于喜马拉雅山脉中段和东段。

西藏波密/郭新耀

西藏波密/郭新耀

西藏/张明

西藏/张永

西藏拉萨/董磊

黑顶噪鹛

Black-faced Laughingthrush

体长：26厘米
居留类型：留鸟

　　特征描述：中等体型的橄榄褐色噪鹛。头黑色，颈侧和耳后具白色斑，眼后具一小块白色三角斑，下颊具椭圆形白色斑，体羽橄榄褐色，具褐色羽缘而形成通体的鳞状纹，两翼飞羽橄榄黄色而具灰白色端斑，尾羽基部栗红色，具灰白色端斑，臀羽栗红色。

　　虹膜黑色；喙角质黑色；脚粉褐色。

　　生态习性：多单独或成对栖息于常绿阔叶林、针阔混交林以及针叶林林下近溪流的灌丛、竹林和杜鹃丛中，性隐匿，鸣声悠扬，地栖性，觅食于植被中下层，有时也活动于树上，常与其他鹛类混群。

　　分布：中国见于西藏南部和东南部，四川北部、西部和西南部，甘肃南部以及云南西北部和中南部。国外分布于喜马拉雅山脉中段经印度东北部至中南半岛极北部。

云南百花岭/郭天成

西藏樟木/肖克坚

1244

四川平武/肖克坚

云南/张明

西藏/张永

玉山噪鹛
White-whiskered Laughingthrush

体长：26厘米
居留类型：留鸟

　　特征描述：体型稍大的橙褐色噪鹛。头部顶冠灰褐色，具白色眉纹和下颊纹，颊部棕红色，颏、喉、前胸和上背棕褐色而具不明显的鳞状斑，两翼橄榄黄色且基部暗褐色，飞羽的羽端灰黑色，下体灰褐色，尾羽中央灰黑色，两侧橄榄黄色且尖端深色，尾下覆羽棕红色。

　　虹膜黑色；喙角质黄色；脚粉褐色。

　　生态习性：常成对活动于中高海拔山地的针阔混交林及针叶林下的竹林和灌丛中，冬季也下至低海拔山区，性活泼声喧闹，常见且不惧生。

　　分布：中国鸟类特有种，仅分布于台湾岛山区。

台湾/吴崇汉

台湾/吴崇汉

台湾/张永

台湾/陈世明

红头噪鹛
Chestnut-crowned Laughingthrush

体长：27厘米　居留类型：留鸟

特征描述：体型略大的暗红色噪鹛。头部前额至头顶前部栗红色杂以黑褐色，头顶后部至枕后栗红色，耳羽黑色并具白色羽缘形成的鳞状斑，眼先及额、喉黑色，上背和前胸具黑色的鳞状斑，其余体羽棕褐色，两翼橄榄黄色，且覆羽少黑色和栗红色，尾羽橄榄黄色而尖端深色。

虹膜黑褐色；喙角质褐色；脚肉褐色至角质褐色。

生态习性：成对或集小群活动于中低海拔山地的阔叶林和竹林中，多见于沟谷、林缘和次生林中，也见和其他噪鹛混群，性惧生且隐匿。

分布：中国见于西藏南部。国外分布于喜马拉雅山脉中段。

西藏/张明

西藏/张明

西藏樟木/董磊

丽色噪鹛
Red-winged Laughingthrush

体长：27厘米
居留类型：留鸟

特征描述：体型略大的棕红色噪鹛。头部前额至头顶以及耳羽银灰色，眼先、颏、喉、耳羽后缘至上胸黑色，体羽棕褐色，两翼具暗红色斑块，初级飞羽羽缘黑色，尾羽红色。似赤尾噪鹛但体型较大，体羽无鳞状斑，两翼红色较暗，头部也无橙红色。

虹膜黑色；喙角质灰色；脚角质褐色。

生态习性：常成对或集小群活动于中高海拔山区的阔叶林、针阔混交林下的竹林及灌丛中，很少下至低海拔山区和平原活动，觅食于植被中下层，因色彩艳丽而在分布区常被非法捕捉作为笼养鸟。

分布：中国见于四川中西部和中南部，云南东北部和东南部以及广西西部。国外分布于中南半岛北部。

四川绵阳/王昌大

四川绵阳/王昌大

赤尾噪鹛
Red-tailed Laughingthrush

体长：25厘米
居留类型：留鸟

　　特征描述：中等体型的红褐色噪鹛。雌雄羽色相似，头部前额至后枕橘黄色，眼圈至后颊银白色或白色，眼先和颏、喉黑色，体羽橄榄褐色而具鳞状斑纹，两翼鲜红色而飞羽尖端黑色，腰羽褐色，尾上覆羽鲜红色。

　　虹膜黑褐色；喙角质黑色；脚角质黑色。

　　生态习性：成对或集小群分布于中低海拔山地的常绿阔叶林、灌丛和竹林中，不甚惧人且喜鸣叫，活动于林下，形态可掬。

　　分布：中国见于云南西部、东南部，四川东南部、重庆南部、贵州北部、广西西部和福建西北部，不见于台湾岛和海南岛。国外分布于中南半岛北部。

云南/张明

云南/张明

贵州遵义/肖克坚

灰头薮鹛
Red-faced Liocichla

体长：22厘米
居留类型：留鸟

　　特征描述： 中等体型的红脸薮鹛。似红翅薮鹛，但体型较小，头顶橄榄褐色，脸部鲜红色至颈侧下延，额、喉与体羽同色，通体橄榄褐色，尾端斑为较宽的橙红色。

　　虹膜红褐色；喙角质黑色；脚角质灰色。

　　生态习性： 习性同红翅薮鹛，但栖息地海拔能上至更高，冬季栖息地下移。过去红翅薮鹛*Liocichla ripponi*曾作为本种的亚种，现多认为相互为独立种。

　　分布： 中国见于云南西北部。国外分布于喜马拉雅山脉中段向东至印度东北部、缅甸北部。

云南/董江天

在一年中的某些时候，多种噪鹛可能一起觅食于落叶堆中，如灰头薮鹛和灰胁噪鹛（后）/西藏山南/李锦昌

红翅薮鹛
Scarlet-faced Liocichla

体长：23厘米
居留类型：留鸟

特征描述：中等体型的红脸薮鹛。头顶橄榄灰色，脸至颈侧及额和上喉鲜红色，其余体羽橄榄绿色，两翼具红色和橙色翼斑，飞羽羽缘白色，尾呈方形，尾上覆羽深橄榄褐色，具黑色细横纹，尾端浅褐色。

虹膜红褐色；喙角质黑色；脚角质灰色。

生态习性：栖息于中低海拔山地的常绿阔叶林中，也见于次生林、人工林以及林缘灌丛中，单独或成小群活动，觅食于植被中下层，鸣声婉转，为薮鹛中体型最大种。

分布：中国分布于云南西南部、南部和东南部。国外分布于中南半岛北部。

红翅薮鹛也吸食花蜜，喙和额沾满花粉后，又成为传粉者/云南百花岭/郭天成

云南/张明

灰胸薮鹛

Emei Shan Liocichla

保护级别：IUCN：易危
体长：17厘米
居留类型：留鸟

特征描述：体型略小的灰色薮鹛。顶冠深灰色，前额、眼后形成棕红色宽眉纹，脸颊灰色而眼圈四周黄色，上背橄榄绿色，下体深灰色，两翼黑色且飞羽具黄色羽缘，次级飞羽基部红色形成红色翼斑，端部红色形成点状斑，腰至尾羽橄榄绿色，尾方形，末端红色或橙红色，次端黑色。

虹膜黑褐色；喙角质黑色；脚粉褐色。

生态习性：栖息于中低海拔山地的常绿阔叶林和竹林中，喜活动于林缘，常单独或成对活动，觅食于植被中下层，鸣声婉转。近年观察发现，冬季也有其活动领域。

分布：中国鸟类特有种，仅分布于四川南部邛崃山脉南段、大相岭、大凉山和云南东北部。

四川瓦屋山/郑建平

四川宜宾/董磊

四川瓦屋山/郑建平

四川瓦屋山/郑建平

黄痣薮鹛

Steere's Liocichla

体长：18厘米
居留类型：留鸟

　　特征描述：体型略小的黄绿色薮鹛。头具黑色眉纹，头顶灰色，眼先具明黄色斑块而形成黄痣，后颊具黄色羽轴，其余体羽黄绿色，两胁和喉、胸灰色，两翼黑色具黄色羽缘和橙红色翼斑，腰青灰色，尾羽橄榄绿色，具白色端斑和黑色次端斑。
　　虹膜黑褐色；喙角质黑色；脚黄褐色。
　　生态习性：常见于中高海拔山地森林中，常单独或成对活动于林下及林缘灌丛中，非繁殖季也集小群，活泼而不甚惧人。
　　分布：中国鸟类特有种，仅分布于台湾岛山地。

台湾/陈世明

台湾/林月云

台湾/陈世明

台湾/张永

银耳相思鸟

Silver-eared Mesia

体长：17厘米
居留类型：留鸟

　　特征描述：体型略小的橙色相思鸟。雌雄羽色相似，头黑色而具银白色耳羽，额具明黄色羽，颏、喉、胸、后颈和上腹橙红色，上背深橄榄灰色，两翼飞羽具鲜红色至明黄色斑块，腰棕红色，两胁和下腹染灰色，臀羽红色，尾羽灰黑色，外侧尾羽黄色或红色，尾羽呈方形、分叉不明显而不同于红嘴相思鸟。

　　虹膜红褐色；喙橘黄色；脚橘黄色至粉褐色。

　　生态习性：多单独或成小群栖息于中低海拔的常绿阔叶林、次生灌丛和林缘中，也见于苗圃、果园和公园，活动于植被中下层，性活泼而不惧人，多觅食于地表。

　　分布：中国见于云南、贵州南部、广西南部和西藏东南部，逃逸种群见于香港。国外分布于喜马拉雅山脉至中南半岛、马来半岛和苏门答腊岛。

云南/张明

云南/林连水

云南德宏/王昌大

以上均为产于云南西部的个体。而产于云南东部及以东的个体，则雄鸟颏部至胸腹部红色颇浓艳/云南/林连水

红嘴相思鸟
Red-billed Leiothrix

体长：14厘米
居留类型：留鸟

　　特征描述：体型较小的黄绿色相思鸟。头黄绿色，脸颊围绕眼周黄白色，上体深橄榄绿色，喉至下腹明黄色，胸部染红色，两胁染灰色，两翼具鲜红色和明黄色翼斑，尾羽橄榄绿至黑色，中间分叉，尾下覆羽和下腹染灰色。

　　虹膜黑褐色；喙鲜红色；脚粉褐色。

　　生态习性：栖息于低海拔至高海拔的山区常绿阔叶林、针阔混交林、竹林和林缘中，非繁殖季也见于山脚和平原，常成群活动于植被中下层，也与其他鹛类混群，声喧闹而不惧人，为中国分布范围最广的鹛类。因其艳丽的体羽，也是南方主要的笼养鸟类，正遭受着巨大的捕捉压力。

　　分布：中国见于北至秦岭和河南大别山，东至沿海，西至西藏南部以南的各省市，但不包括台湾岛和海南岛，为湖南省的省鸟。国外分布于喜马拉雅山脉、印度东北部、缅甸中北部至越南北部。

四川宜宾/董磊

福建/郑建平

四川成都/董磊

红嘴相思鸟在野外可结成上百的群体/四川唐家河国家级自然保护区/黄徐

斑胁姬鹛

Himalayan Cutia

体长：18厘米
居留类型：留鸟

特征描述：中等体型的栗色鹛类。雌雄羽色相异，雄鸟头顶蓝灰色，具宽阔的黑色眼罩，下颊、颈、胸腹部白色，两翼黑色染蓝灰色，两胁具宽阔的黑色纵纹，尾部及上背栗色，尾端黑色。雌鸟似雄鸟但较暗淡，上背棕褐色而具黑色纵纹。

虹膜棕褐色；喙角质黑色；脚橘黄色。

生态习性：多见成对或集小群栖息于中高海拔山地阔叶林、针阔混交林和针叶林中，有时沿树干攀爬觅食，性安静而不怯生。

分布：中国见于西藏南部和东南部，四川西南部，云南西部、南部和东南部以及湖北西部。国外分布于喜马拉雅山脉至中南半岛和马来半岛。

斑胁姬鹛依赖中高海拔的湿润原始阔叶林，在树干附生植物层中觅食/西藏山南/李锦昌

两翼微张下垂，体羽膨起，是一种威胁性的展示/西藏山南/李锦昌

斑喉希鹛
Bar-throated Minla

体长：16厘米
居留类型：留鸟

特征描述：体型略小的栗棕色希鹛。雌雄羽色相似，头顶栗红色，羽毛常耸起，脸颊灰白色而具黑色细纹，颏栗色，喉白色而具黑色横纹，上背体羽深栗色，下体棕黄色，两翼黑色具橙色翼缘，次级飞羽具白色羽缘，尾羽红色而尖端浅色，次端和两侧尾羽黑色，最外侧尾羽羽缘黄色。

虹膜黑褐色；喙角质灰色；脚灰黑色。

生态习性：栖息于中海拔阔叶林、针阔混交林和针叶林下的灌木丛中，活动于植被中下层，经常见于混合鸟群中，性好奇而不甚惧人。

分布：中国见于西藏南部和东南部、云南西部和西北部、四川西南部和南部。国外分布于喜马拉雅山脉至中南半岛及马来半岛。

西藏/张永

斑喉希鹛是山地常绿阔叶林中最常见的希鹛，常加入混合鸟群，分布区向东延伸至云南东部/西藏樟木/董磊

1263

白头鵙鹛
White-hooded Babbler

体长：23厘米
居留类型：留鸟

　　特征描述：体型略大的白色和棕色鵙鹛。头至后颈和上胸包括颊、喉均为白色，上体、两翼及尾上覆羽棕褐色，下腹和两胁染浅褐色，尾羽楔形且具白色端斑。
　　虹膜黄色；上喙灰色，下喙浅色；脚粉褐色。
　　生态习性：多单独或成对栖息于中低海拔的阔叶林和竹林中，非繁殖季集小群活动，觅食于竹林和灌丛的中下层，性活泼而声嘈杂，极易发现。
　　分布：中国见于云南极西部。国外分布于喜马拉雅山脉中部向东至缅甸北部和中部。

云南/张明

云南那邦/沈越

锈额斑翅鹛
Rusty-fronted Barwing

体长：22厘米
居留类型：留鸟

　　特征描述：中等体型的栗色斑翅鹛。雌雄羽色相似，头灰色且额、眼先和下颏栗红色，上体灰棕色，两翼栗棕色而具细而密的黑色横纹，初级飞羽外侧羽缘灰白色，尾羽红棕色而具黑色细横纹，楔形且具白色端斑，胸部和两胁染棕色，下腹白色，尾下覆羽棕色。

　　虹膜黑褐色；喙肉质褐色；脚粉褐色。

　　生态习性：多单独栖息于中低海拔山地常绿阔叶林的中下层，也觅食于地面，性活泼而声嘈杂，常与其他鹛类混群。

　　分布：中国见于西藏南部、东南部和云南西部、西北部、南部及东南部。国外分布于喜马拉雅山脉中部至东部以及缅甸北部和东北部。

云南/张明

锈额斑翅鹛是云南西部最常见的斑翅鹛/云南/杨华

白眶斑翅鹛

Spectacled Barwing

体长：22厘米
居留类型：留鸟

特征描述：中等体型的栗褐色斑翅鹛。头具栗红色顶冠以及粗而明显的白色眼眶是其鉴别特征，脸颊和耳后的整个头侧灰色，通体灰棕褐色，下腹灰棕色，两翼栗红色并具细黑色横纹，尾呈楔形，棕褐色，具黑色细横纹和白色端斑。

虹膜黑褐色；喙角质黑色；脚角质黑色。

生态习性：栖息于中低海拔的常绿阔叶林中，也见于次生林和林缘灌丛中，性活泼而觅食于林下灌丛。

分布：中国分布于云南南部、东南部以及广西西北部和西南部。国外分布于中南半岛中北部。

广西/杨华

在云南东南部，白眶斑翅鹛栖息于中山常绿阔叶林中，一般是当地海拔最高而最湿润的区域/云南红河州/李锦昌

纹头斑翅鹛
Hoary-throated Barwing

体长：21厘米　　居留类型：留鸟

特征描述：中等体型的灰栗色斑翅鹛。雌雄羽色相似，头及脸颊灰色，头顶具细白色纵纹，具白色眼圈和黑色下颊纹，上背栗色，两翼及尾栗色具黑色横斑，额、喉白色，胸腹部灰白色，下腹至臀羽栗色。

虹膜黑褐色；喙灰色；脚粉褐色。

生态习性：单独或集小群活动于原始杜鹃丛和竹林中，觅食于林地中层，有时与其他鹛类混群。

分布：中国见于西藏南部和东南部。国外分布于喜马拉雅山脉中西部。

西藏山南/李锦昌

各种斑翅鹛都不同程度地依赖原始常绿阔叶林，这类森林中附生植物丰富/西藏/董江天

西藏山南/李锦昌

纹胸斑翅鹛
Streak-throated Barwing

体长：21厘米
居留类型：留鸟

特征描述：中等体型的灰褐色斑翅鹛。雌雄羽色相近，形态似纹头斑翅鹛，但冠羽具白色羽缘形成的鳞状斑，前胸具灰色纵纹，胸腹部偏灰色。

虹膜黑褐色；喙灰色；脚粉褐色。

生态习性：单独或成对活动于中海拔山地的常绿阔叶林中，依赖于多苔藓的树林，性安静，好奇而不甚惧人。

分布：中国见于西藏东南部、云南西部和西北部。国外分布于缅甸北部和印度东北部。

西藏山南／李锦昌

西藏山南／李锦昌

灰头斑翅鹛
Streaked Barwing

体长：22厘米　居留类型：留鸟

特征描述：中等体型的灰棕色斑翅鹛。雌雄羽色相似，头灰色而具羽冠，前额染棕色，两翼棕黄色而具黑色细横纹，颏至尾下覆羽以及整个下体棕黄色，整个下体、上背和羽冠前部均密布黑色矛状斑，尾上覆羽棕褐色而具黑色细横纹，同时具白色端斑和黑色次端斑。

虹膜黑褐色，具细白色眼圈；喙角质褐色；脚粉褐色。

生态习性：栖息于中高海拔山区的阔叶林和针阔混交林中，常单独活动，非繁殖季集小群，多觅食于林地中下层，是分布范围最靠北的斑翅鹛。

分布：中国见于四川盆地西缘、南缘和西南部的横断山脉，四川东南部，云南西北部、东北部、南部和东南部。国外仅边缘分布于越南北部。

四川泸定/董磊

四川泸定/董磊

灰头斑翅鹛是各种斑翅鹛中图纹最为鲜明者，生活在凉爽潮湿的生境下/四川泸定/董磊

台湾斑翅鹛
Taiwan Barwing

体长：18厘米
居留类型：留鸟

特征描述：体型略小的栗灰色斑翅鹛。头包括颊和喉部纯栗红色，后颈和胸部深灰色且具白色纵纹，背部、腰部、下腹和尾下覆羽棕褐色，两翼栗色而具黑色细横纹，尾羽凸形，栗红色而具黑色细横纹和白色端斑。

虹膜黑褐色；喙角质黑色；脚粉褐色。

生态习性：栖息于中高海拔的阔叶林、针阔混交林和针叶林下，非繁殖季也见于低海拔林缘，单独或集小群活动，常攀援于树干之上觅食，有时也加入混合鸟群。

分布：中国鸟类特有种，仅分布于台湾岛中部山区。

台湾/吴崇汉

台湾斑翅鹛的栖息环境与大陆亲族的非常类似/台湾/吴崇汉

台湾/吴崇汉

台湾/陈世明

蓝翅希鹛
Blue-winged Minla

体长：15厘米
居留类型：留鸟

　　特征描述：体型略小的蓝色和褐色希鹛。雌雄羽色相似，头、颈及上背湖蓝色，头具白色眼圈和眉纹，上体棕褐色，下体粉白色，两翼棕褐色而初级飞羽蓝色，腰褐色，尾羽方形，蓝紫色，尾羽尖端和外侧黑色。

　　虹膜褐色；喙角质黄色；脚粉褐色。

　　生态习性：多栖息于中低海拔的阔叶林、针阔混交林、针叶林以及竹林中，也见于公园和田野林缘，性活泼而声喧闹，觅食于植被中下层，常与其他鸟类混群。

　　分布：中国见于四川南部和西南部、重庆南部、贵州西南部、云南、湖北南部和广西北部、西南部以及海南岛。国外分布于喜马拉雅山脉至印度东北部，南至中南半岛和马来半岛。

四川峨眉山/王昌大

云南保山/王昌大

蓝翅希鹛比其他两种希鹛更适应次生植被，故更多地见于分布区内的公园绿地中/云南/杨华

幼鸟/云南/林连水

火尾希鹛
Red-tailed Minla

体长：14厘米　　居留类型：留鸟

　　特征描述：体型较小的黑色和褐色希鹛。雌雄羽色相似，头黑色，具粗白色眉纹，上背棕褐色，腰黑色，喉白色，胸至下体浅皮黄色，两翼黑色而具鲜红色翼斑，次级飞羽具白色羽缘，尾呈方形，尾羽黑色，尖端和两侧红色或橙红色，中央尾羽基部白色。
　　虹膜黑色；喙角质褐色；脚黄褐色。
　　生态习性：多栖息于中高海拔的山地阔叶林和针阔混交林中，非繁殖季下至低海拔阔叶林、次生林及林缘，常集小群活动，觅食于植被中下层，有时似旋木雀攀爬于树干觅食。
　　分布：中国见于四川中部、南部、东南部和重庆、贵州、云南、湖南南部、广西北部及西藏东南部。国外分布于喜马拉雅山脉中段至缅甸北部以及中南半岛北部。

四川宜宾/董磊

云南保山/王昌大

火尾希鹛在适宜生境下是非常常见的鸟类,常与雀鹛等组成混合鸟群/云南百花岭/郭天成

金胸雀鹛

Golden-breasted Fulvetta

体长：10厘米
居留类型：留鸟

特征描述：体型较小的橙黄色雀鹛。雌雄羽色相似，头、喉、胸和后颈黑色，具白色顶冠纹和白色絮状耳斑，上背橄榄绿色，下胸至腹和尾下覆羽橙黄色，两翼黑色，具橙红色翼斑，初级飞羽羽缘橙黄色，次级飞羽羽缘白色，尾羽黑色，两侧基部橙红色。

虹膜黑色；喙角质灰色；脚粉色。

生态习性：见于中高海拔的常绿阔叶林、针阔混交林和针叶林下的灌丛及竹林中，常集小群活动，与其他鹛类混群，活动敏捷而多动。

分布：中国见于西藏东南部，云南西部、西北部和东南部和四川、甘肃南部、陕西南部、重庆、湖北西部、湖南西北部、贵州及广东北部。国外分布于喜马拉雅山脉中段至缅甸东北部及越南北部。

四川老河沟自然保护区/张铭

四川老河沟自然保护区/张铭

金额雀鹛
Gold-fronted Fulvetta

体长：11厘米
居留类型：留鸟

特征描述：体型较小的橄榄色雀鹛。雌雄羽色相似，前额金黄色，头顶具细黑色纵纹，后枕栗色，脸乳白色，下颊具黑色块斑，上背灰褐色，下体白色染灰色，两翼具橙色翼斑，尾羽基部橙黄色。
虹膜黑色；喙橘黄色；脚橘黄色。
生态习性：多成对活动于中低海拔近溪流的常绿阔叶林及竹林林缘，觅食于植被中下层。
分布：中国鸟类特有种，仅分布于四川中南部和广西中东部及北部。

广西猫儿山自然保护区/林刚文

金额雀鹛喜湿润的原生植被，它们所依赖的原始林地也是许多噪鹛和其他鹛类的唯一栖息地类型/广西猫儿山自然保护区/徐勇

黄喉雀鹛

Yellow-throated Fulvetta

体长：11厘米
居留类型：留鸟

　　特征描述：体型较小的橄榄黄色雀鹛。雌雄羽色相似，具明黄色眉纹以及黑色侧冠纹和贯眼纹，头顶具细黑色鳞状纹。上体橄榄绿色，下体橄榄黄色。

　　虹膜黑色；喙角质褐色；脚橘黄色。

　　生态习性：单独或成对活动于中海拔近沟谷的常绿阔叶林、灌丛和竹林中，有时也与其他活动于植被中下层的小型鸟类混群。

　　分布：中国见于西藏东南部和云南西北部。国外分布于喜马拉雅山脉中东部经缅甸东北部至老挝北部和越南西北部。

西藏山南/李锦昌

西藏山南/李锦昌

栗头雀鹛
Rufous-winged Fulvetta

体长：11厘米
居留类型：留鸟

西藏/张明

特征描述：体型较小的橄榄褐色雀鹛。雌雄羽色相似，头顶栗褐色而具白色纵纹，具白色眉纹、黑色贯眼纹和下颊纹，其余脸部白色，上体包括两翼和尾上覆羽橄榄褐色，初级飞羽具橙色羽缘，覆羽黑色，下体白色而两胁皮黄色。

虹膜黑褐色；喙角质褐色；脚橙黄色。

生态习性：多见于低海拔至中高海拔的常绿阔叶林、针阔混交林下，喜多溪流或潮湿的沟谷，常集小群活动于植被上层，也觅食于地面和树干，声嘈杂而易被发现。

分布：中国分布于西藏南部和东南部，云南西北部、西部、西南部和东南部。国外分布于喜马拉雅山脉中段经印度东北部至中南半岛和马来半岛。

栗头雀鹛在分布区内的适宜生境下易见，常与火尾希鹛、黄颈凤鹛等组成混合鸟群/云南/宋晔

白眉雀鹛
White-browed Fulvetta

体长：12厘米
居留类型：留鸟

　　特征描述：体型稍小的棕褐色雀鹛。头棕褐色而具粗白色眉纹，眉纹之上还具一道细黑色纹，脸颊棕褐色或近黑色，其余上体包括尾上覆羽棕褐色，腰羽及两翼覆羽偏棕红色，初级飞羽羽缘外侧白色而内侧黑色，喉至上胸白色并具细黑色纵纹，下体浅灰褐色。

　　虹膜黄白色；喙灰黄色；脚灰褐色。

　　生态习性：生境多样，见于中高海拔的阔叶林、混交林、针叶林以及高山草甸的灌丛和林缘地带，常成对活动，性活泼好奇而不怯生。

　　分布：中国见于西藏南部和东南部，四川西部和西南部，云南西北部、西部和东北部。国外分布于喜马拉雅山脉经印度东北部、缅甸北部至越南北部。

西藏/张明

西藏/张永

西藏/张明

较之近亲，白眉雀鹛一般栖于海拔较高而郁闭度较低的生境中/西藏樟木/董磊

高山雀鹛

Chinese Fulvetta

体长：13厘米
居留类型：留鸟

　　特征描述：体型略小的灰褐色雀鹛。整个上体包括两翼和尾上覆羽灰褐色，头和上背具不明显的深色纵纹，飞羽具浅色羽缘，喉部具黑色细纵纹，下体浅灰白色。

　　虹膜黄白色；上喙角质褐色，下喙浅色；脚角质褐色。

　　生态习性：常见于高山针叶林、亚高山杜鹃丛、高山灌木丛和草甸中，多单独或成对活动。

　　分布：中国鸟类特有种，分布于甘肃南部，青海东南部和南部，四川北部、西北部、西部和西南部，西藏东部以及云南西北部。

四川雅江/肖克坚

高山雀鹛多见于横断山区暗针叶林的林窗、林缘生境下/四川雅江/董磊

棕头雀鹛
Spectacled Fulvetta

体长：11厘米　居留类型：留鸟

特征描述：体型较小的棕褐色雀鹛。头顶棕褐色或棕红色且具细黑色侧冠纹，脸颊灰褐色，上体棕褐色，两翼和腰偏棕红色，初级飞羽具浅色羽缘，喉至上胸白色而具深色细纵纹，下体白色沾灰褐色，两胁皮黄色。

虹膜黑色，具明显的白色眼圈；喙粗，上喙角质褐色，下喙浅色；脚角质褐色。

生态习性：常见于中海拔山区常绿阔叶林、针阔混交林、针叶林下及林缘灌丛中，常单独或成对觅食活动，冬季也集小群下至低海拔地区，常见于混合鸟群中，活跃而不惧人。

分布：中国见于甘肃和陕西秦岭以南的四川、重庆、云南和贵州等地。国外分布于中南半岛北部。

陕西西安/张国强

四川绵阳/王昌大

四川绵阳/王昌大

褐头雀鹛
Grey-hooded Fulvetta

体长：12厘米　居留类型：留鸟

特征描述：体型较小的灰褐色雀鹛。雌雄羽色相似，头、颈、喉至下胸为灰色，眼先具不明显的褐色眉纹，头顶灰色更深，部分亚种脸颊染浅栗色，胸喉无纵纹，上背、腰、尾以及下腹和尾下覆羽栗褐色至灰褐色，外侧初级飞羽外缘灰色，内侧初级飞羽外缘黑色。

虹膜黄褐色；喙黑色；脚粉褐色。

生态习性：栖息于中高海拔的阔叶林、针阔混交林以及针叶林下的灌丛和竹林中，常集小群活动，性活泼而声喧闹，易发现且不甚惧人。

分布：中国鸟类特有种，分布于宁夏、青海东南部、甘肃中南部、四川、陕西南部、重庆、云南东北部、贵州北部和东北部、湖北西部、湖南南部、福建西北部、江西南部、广西以及广东北部。

福建武夷山/林剑声

甘肃甘南/董江天

来自不同地理种群的褐头雀鹛细部有别，如武夷山的个体多染棕色，分布区东部的个体（如来自武夷山、猫儿山者）翼上黑色较多/广西猫儿山自然保护区/林剑声

四川都江堰/董磊

褐头雀鹛通常栖于海拔较高的天然林中，棕头雀鹛活动区域较其低/四川都江堰/董磊

玉山雀鹛

Taiwan Fulvetta

体长：11厘米
居留类型：留鸟

　　特征描述：体型较小的棕褐色雀鹛。雌雄羽色相似，头和背同为深咖啡褐色，头具深褐色侧顶纹，脸颊斑驳具横纹，喉部具棕色粗纵纹，下体灰褐色，两翼棕红色，外侧初级飞羽羽缘灰色，内侧羽缘黑色，尾羽棕褐色。似印缅褐头雀鹛，但头部褐色且和体羽同色。过去常认为是褐头雀鹛*Alcippe cinereiceps*的亚种，现多数将其作为独立种处理。

　　虹膜黑褐色，具明显的白色眼圈；喙粉褐色；脚粉褐色。

　　生态习性：常见于中高海拔山地的针阔混交林、针叶林下的竹林和灌丛中，常单独或集小群活动，不惧人且行动活泼。

　　分布：中国鸟类特有种，仅分布于台湾岛。

台湾/陈世明

台湾/吴崇汉

台湾/吴崇汉

台湾/陈世明

路德雀鹛
Ludlow's Fulvetta

体长：12厘米　　居留类型：留鸟

特征描述：体型较小的褐色雀鹛。雌雄羽色相似，头、颈、背至尾上覆羽深棕褐色，头顶褐色更深，两翼棕色，外侧初级飞羽羽缘灰白色，内侧黑色，喉及上胸白色而具深棕色粗纵纹，胸和下体灰色，下腹和两胁染棕色。过去作为褐头雀鹛*Alcippe cinereiceps*的亚种，现大多认为其为独立种。

虹膜棕褐色；喙黄褐色；脚粉褐色。

生态习性：活动于中高海拔山地针阔混交林及针叶林下的竹林和杜鹃灌丛中，常见而不怯生。

分布：中国见于西藏东南部。国外分布于喜马拉雅山脉中段至东段。

西藏山南/李锦昌

西藏山南/李锦昌

西藏/宋晔

褐顶雀鹛
Dusky Fulvetta

体长：14厘米
居留类型：留鸟

特征描述：体型略小的灰棕色雀鹛。雌雄羽色相似，头、脸颊、颈侧至上胸灰色，头顶棕褐色并具黑色侧冠纹，部分亚种头顶鳞状斑明显，无眉纹，具不明显的皮黄色眼圈，上背至尾上覆羽棕褐色，两翼棕褐色而无翼斑，下体灰白色。

虹膜黑褐色；喙黑色；脚橙黄色。

生态习性：栖息于中低海拔山地的常绿阔叶林和落叶阔叶林下的竹林和灌丛中，常单独活动，隐蔽但不惧人，性活泼却少鸣叫。

分布：中国鸟类特有种，分布于甘肃南部、陕西南部、湖北西部、湖南、重庆、四川、贵州、云南东北部、浙江、福建、安徽、江西、江苏、广东、广西以及台湾岛和海南岛。

福建永泰/郑建平

台湾/吴崇汉

台湾/吴崇汉

台湾/吴崇汉

褐胁雀鹛

Rusty-capped Fulvetta

体长: 14厘米
居留类型: 留鸟

　　特征描述: 体型略小的棕褐色雀鹛。雌雄羽色相似, 头顶红棕色, 具白色粗眉纹和黑色侧冠纹, 脸颊褐色, 上体、两翼及尾上覆羽棕褐色, 喉至上胸白色, 下体浅灰褐色。

　　虹膜黑褐色; 喙角质褐色; 脚粉色。

　　生态习性: 多单独或集小群活动于中低海拔的山地常绿阔叶林、竹林和灌丛, 也见于公园和苗圃, 觅食于植被中下层, 声喧闹而不甚惧人。

　　分布: 中国见于四川南部、重庆南部、贵州、云南、湖南西部和广东北部。国外分布于喜马拉雅山脉东段至印度西北部, 南至中南半岛中北部。

贵州贵阳/王昌大

褐胁雀鹛多在荫蔽甚好的林下地面觅食, 活动也多近地面/云南昆明/沈越

褐脸雀鹛

Brown-cheeked Fulvetta

体长：16厘米
居留类型：留鸟

特征描述：中等体型的灰褐色雀鹛。上体棕褐色，头部脸颊黄褐色，具黑色眉纹和深灰色顶冠，喉至下体浅皮黄色，两翼纯色而无翼斑。

虹膜黑褐色；喙与脚均角质灰色。

生态习性：栖息于中低海拔的常绿阔叶林和竹林、灌丛中，性活泼。

分布：中国见于云南西部和南部。国外分布于印度次大陆、中南半岛至马来半岛北部。

云南西双版纳/李锦昌

云南西双版纳/沈越

台湾雀鹛

Grey-cheeked Fulvetta

体长：14厘米
居留类型：留鸟

　　特征描述：体型略小的橄榄褐色雀鹛。似灰眶雀鹛，但白色眼眶最为宽阔和明显，头顶褐色更多，颏、喉灰白色，背部更偏棕褐色而非橄榄色。

　　虹膜黑褐色；喙角质黑色；脚粉色。

　　生态习性：见于从平原至高海拔的多种生境，活动于林地中下层，非繁殖季常成为混合鸟群中的常见鸟种，声嘈杂而警惕性高。

　　分布：中国鸟类特有种，仅分布于台湾岛。

台湾/林月云

台湾/林月云

台湾/林月云

虽然与灰眶雀鹛极为相似，但海峡的隔离使其形成了许多独特的遗传特征/台湾/林月云

灰眶雀鹛

David's Fulvetta

体长：14厘米　居留类型：留鸟

　　特征描述：体型略小的橄榄褐色雀鹛。头至后颈、颈侧及上胸深灰色，具不明显黑色侧冠纹或无冠纹，具白色眼眶。上体和两翼及尾上覆羽橄榄棕色，无翼斑，颏、喉至下体皮黄色至橄榄黄色。

　　虹膜黑褐色；喙角质黑色；脚黄褐色至黑褐色。

　　生态习性：多单独或集小群栖息于中低海拔的山地常绿阔叶林和林缘灌丛中，也见于原始林、次生林、人工林、公园、苗圃和果园等多种生境，是中国分布范围最广的雀鹛。

　　分布：中国见于甘肃中南部、陕西南部、四川、重庆，云南南部、东北部和东南部，湖北西部、贵州、湖南和广西北部。国外分布于越南北部。

湖北/王英永

湖北/王英永

湖北/王英永

灰头雀鹛
Yunnan Fulvetta

体长：14厘米　居留类型：留鸟

特征描述：体型略小的橄榄褐色雀鹛。具白色眼眶，形态似灰眶雀鹛，但下体更显棕黄色。过去曾作为灰眶雀鹛下的亚种，现一般认为其为独立种。

虹膜红褐色；上喙角质褐色，下喙带肉色；脚粉色。

生态习性：栖息于中高海拔的针阔混交林和针叶林的林下灌丛中，也见于竹林、沟谷以及林缘。

分布：中国见于云南西北部、西部以及四川西南部。国外分布于缅甸西北部和东南部、泰国北部、老挝北部和中部。

云南保山/李锦昌

1297

黑眉雀鹛

Huet's Fulvetta

体长：14厘米　居留类型：留鸟

　　特征描述：体型略小的橄榄褐色雀鹛。形态似灰眶雀鹛，但头更偏灰色，眼眶白色，额、喉灰白色，背部颜色更显棕红色，黑色侧冠纹不明显至显著，下体颜色更淡，呈浅皮黄色或黄白色。过去曾作为灰眶雀鹛下的亚种，现一般认为其为独立种。
　　虹膜深褐色；喙角质褐色；脚粉色。
　　生态习性：习性同灰眶雀鹛，但栖息地海拔更低，更能适应热带和南亚热带的郁闭林下。性活泼而胆大，常加入混合鸟群。
　　分布：中国鸟类特有种，仅分布于东南和华南地区，包括广西、广东、安徽、江西、浙江、福建以及海南岛。

广东韶关/李锦昌

白眶雀鹛
Nepal Fulvetta

体长：13厘米
居留类型：留鸟

西藏山南/李锦昌

特征描述：体型略小的橄榄褐色雀鹛。头灰色，具黑色细侧冠纹和宽阔的白色眼圈，上体包括尾上覆羽橄榄褐色，额、喉和下腹黄白色。形态特征甚似灰眶雀鹛，但宽阔的白眼圈更为明显，下喙为浅灰色而非灰黑色。

虹膜黑色；上喙灰黑色且尖端浅色，下喙浅灰色；脚灰黑色。

生态习性：集小群栖息于中低海拔的山地阔叶林下的灌木及竹林中，喜与其他小型鸟类混群，也出现于林缘灌丛和草丛。

分布：中国见于西藏东南部。国外分布于喜马拉雅山脉中段至东段以及印度次大陆东北部，缅甸西部和北部。

与灰眶雀鹛相比，白眶雀鹛的喙显得苍白而弱/西藏山南/李锦昌

栗背奇鹛
Rufous-backed Sibia

体长：18厘米　居留类型：留鸟

特征描述：体型较小的栗色奇鹛。雌雄羽色相似，脸颊以上至后颈具黑色头罩，上背和腰深栗色，飞羽黑色而具白色羽缘，两翼覆羽栗色，下颊、喉至下腹纯白色，下腹和两胁染栗色，尾上覆羽黑色，外侧尾羽和端斑白色，尾下覆羽栗色。

虹膜黑色；喙黑色，下喙基部黄色；脚橙黄色。

生态习性：多单独或成对活动于中低海拔的山地常绿阔叶林中，非繁殖季也集小群活动于树冠层，嗜食昆虫、植物果实和花蜜，性活泼而怯生，也见攀援于树干觅食。

分布：中国见于西藏南部和东南部，云南西部、南部和东南部。国外分布于喜马拉雅山脉中段至中南半岛。

云南/张明

云南陇川/沈越

云南/杨华

黑顶奇鹛

Rufous Sibia

体长：21厘米　居留类型：留鸟

特征描述：中等体型的红棕色奇鹛。雌雄羽色相似，具黑色头罩，头顶略有羽冠，通体红棕色，背偏灰棕色，两翼覆羽灰色，飞羽灰黑色，次级飞羽具灰色羽缘，尾凸形，尾上覆羽红棕色，且具宽阔的灰色端斑和黑色次端斑。

虹膜黑色；喙角质黑色；脚粉褐色至角质褐色。

生态习性：多成对或集小群栖息于中高海拔的针阔混交林的中下层，性活泼而声嘈杂，觅食于长满苔藓和地衣的树干和树枝上。

分布：中国见于西藏南部。国外分布于喜马拉雅山脉西段至东段。

西藏/张永

西藏亚东/董磊

西藏/张明

灰奇鹛
Grey Sibia

体长：23厘米　　居留类型：留鸟

　　特征描述：体型略大的灰色奇鹛。头深灰色，后颈至上背灰色，两翼灰黑色，次级飞羽灰色，尾羽灰黑色并具灰色端斑和黑色次端斑，喉部白色，胸腹灰白色，尾下覆羽皮黄色。
　　虹膜红褐色；喙角质黑色；脚角质褐色或粉褐色。
　　生态习性：多单独或成对栖息于中低海拔的常绿阔叶林中，性活泼而善飞行，有时也与其他小鸟混合成群觅食。
　　分布：中国见于云南极西部边境地区。国外分布于印度东北部和缅甸中北部。

云南陇川/沈越

云南/杨华

云南保山/董磊

黑头奇鹛
Black-headed Sibia

体长：22厘米 居留类型：留鸟

特征描述：中等体型的黑灰色奇鹛。雌雄羽色相似，具辉黑色头罩，后颈至上背和腰部深灰色，颏、喉至下腹以及尾下覆羽白色，胸侧和两胁染灰色。尾凸形，尾羽黑色并具灰色端斑，两侧尾羽白色。

虹膜褐色，具皮黄色眼圈；喙角质黑色；脚灰黑色。

生态习性：栖息于中高海拔山区阔叶林和针阔混交林中，冬季下迁，多单独或集小群活动于植被中上层，易发现而不怯生，鸣声多变且悦耳。

分布：中国分布于湖北西部、湖南西部、重庆、四川盆地、贵州、云南和广西。国外分布于中南半岛中北部。

四川峨眉山/王昌大

四川峨眉山/王昌大

黑头奇鹛较其他奇鹛更能适应有人类干扰，而显得开阔干燥的森林/四川都江堰/董磊

白耳奇鹛
White-eared Sibia

体长：23厘米
居留类型：留鸟

　　特征描述：体型略大的灰色和红棕色奇鹛。雌雄羽色相似，头深灰黑色，具白色贯眼纹且延长至耳后形成丝状羽，喉、下颊、胸和上背灰色，肩部灰色，下背、腰和腹部及尾下覆羽红棕色，两翼黑色，初级飞羽具浅色翼缘，尾黑色，两侧尾羽白色。

　　虹膜黑色；喙黑色；脚粉色至粉褐色。

　　生态习性：主要栖息于中低海拔的山地阔叶林、混交林中，也见于人工林、次生林、林缘及人工苗圃，非繁殖季下至低海拔山区甚至平原地区。典型林栖性鹛类，常成小群活动于林间中上层。

　　分布：中国鸟类特有种，仅分布于台湾岛。

台湾/张永

台湾/陈世明

1304

台湾/吴崇汉

台湾/吴崇汉

丽色奇鹛
Beautiful Sibia

体长：23厘米
居留类型：留鸟

　　特征描述：体型略大的灰褐色奇鹛。雌雄羽色相似，通体浅灰色，头部具深色脸罩，颊部染褐色，肩部黑褐色，次级飞羽褐色，下体灰色较淡，尾羽长而呈楔形，具灰白色端斑和黑色次端斑。
　　虹膜黑褐色；喙角质黑色；脚黄褐色。
　　生态习性：常单独活动于中高海拔的阔叶林和针阔混交林中，冬季下迁，也集小群觅食，喜多苔原和地衣的生境，性活泼而多动。
　　分布：中国见于西藏东南部和云南西部及西北部。国外分布于印度东北部和缅甸东北部。

云南保山/董磊

在适宜生境下丽色奇鹛数量颇大/云南/张明

长尾奇鹛
Long-tailed Sibia

体长：30厘米　居留类型：留鸟

特征描述：体型庞大的纯灰色奇鹛。雌雄羽色相似，通体深灰黑色，下体灰色较淡，两翼和尾部偏黑色，具白色翼斑，尾部楔形，比例较其他奇鹛更长，尾羽具灰白色端斑。

虹膜红褐色；喙角质黑色；脚灰黑色。

生态习性：单独或成对栖息于中低海拔的山地常绿阔叶林和混交林中，非繁殖季也集小群见于平原、低地和林缘，活动于林地的中上层，性活泼而声喧闹。

分布：中国见于云南西部、南部和东南部。国外分布于喜马拉雅山脉至东南亚。

云南陇川/沈越

云南瑞丽/董磊

西藏山南/李锦昌

西南栗耳凤鹛

Striated Yuhina

体长：13厘米
居留类型：留鸟

　　特征描述：体型略小的灰褐色凤鹛。形态极似栗耳凤鹛，但耳羽的栗色不延伸至后颈和颈侧，因而不显现出栗色颈环。

　　虹膜黑褐色；喙红色而端黑色；脚橙红色。

　　生态习性：栖息环境同栗耳凤鹛，但繁殖季可见于更高海拔的栖息地。

　　分布：中国仅见于云南西部。国外分布于喜马拉雅山脉东部经缅甸至泰国西北部。

云南/田穗兴

云南德宏/李锦昌

栗耳凤鹛
Chestnut-collared Yuhina

体长：13厘米　　居留类型：留鸟

特征描述：体型略小的灰褐色凤鹛。雌雄体色相似，头具灰色冠羽，眼后具斑驳的栗色耳羽，背至尾上覆羽灰褐色，颈、喉至下体白色染灰色。

虹膜黑褐色；喙红色；脚橙红色。

生态习性：栖息于中低海拔的山地常绿阔叶林、针阔混交林中，在次生林和人工林中也常见，活动于植被的中上层，常与其他鹛类混群，非繁殖季常集群多达上百只，鸣声独特。

分布：中国见于长江流域以南的四川南部、贵州北部、云南南部、重庆南部、湖北西部、湖南、浙江、福建、两广和香港。国外分布于越南中北部至泰国东北部。

福建福州/曲利明

福建永泰/郑建平

江西井冈山/沈越

白项凤鹛

White-naped Yuhina

体长：13厘米
居留类型：留鸟

　　特征描述：体型略小的灰褐色凤
鹛。上体灰褐色，头部棕褐色，枕
部白色，后颊染白色，额喉白色，下体
灰棕色。
　　虹膜黑褐色；喙角质黑色；脚粉
褐色。
　　生态习性：分布区狭窄，多成对
或集小群活动于中低海拔的常绿阔叶
林和竹林中，觅食于植被中上层与树
冠层，常与其他小型鸟类混群，活泼
而不惧生。
　　分布：中国见于西藏东南部和云
南西北部。国外分布于喜马拉雅山脉
东部、缅甸北部。

西藏山南/李锦昌

西藏山南/李锦昌

黄颈凤鹛
Whiskered Yuhina

体长：13厘米　居留类型：留鸟

特征描述：体型略小的棕褐色凤鹛。雌雄体色相似，上体灰褐色，前额至头顶棕褐色且有高耸羽冠，下颊纹黑色，枕后具棕红色颈环，颏喉至上胸白色，下腹灰白色并具棕红色纵纹，尾下覆羽棕色。

虹膜黑褐色，具白色眼圈；上喙角质色，下喙浅色；脚粉褐色。

生态习性：栖息于中高海拔的阔叶林和针阔混交林中，非繁殖季下到低海拔林地，活动于树林中上层，多集小群活动，也与其他小型鸟类混群。

分布：中国见于西藏南部和东南部，云南西部和中部。国外分布于喜马拉雅山脉至缅甸北部和东部以及中南半岛北部。

云南/杨华

云南保山/董磊

在西藏到云南的分布区中，黄颈凤鹛常与黑脸鹟莺等组成规模不小的混合鸟群/云南/张明

纹喉凤鹛
Stripe-throated Yuhina

体长：15厘米
居留类型：留鸟

　　特征描述：体型略大的深灰色凤鹛。雌雄体色相似，白色眼圈明显，羽冠高耸且向前下弯，通体深灰色，尾羽偏褐色而具不明显细横斑，喉部白色，具黑色点线状喉纹，两翼飞羽黑色，次级飞羽橙红色，腹部和尾下覆羽黄褐色。

　　虹膜黑褐色；喙黑色；脚橘红色。

　　生态习性：多栖息于中高海拔的阔叶林、混交林及林缘，冬季也下至低山和平原，常集小群活动且与其他小型鸟类混群，性活泼而不甚惧人，喜食花蜜和植物果实。

　　分布：中国见于西藏南部和东南部，云南西北部、西部和南部，四川西部和西南部。国外分布于喜马拉雅山脉至印度东北部和中南半岛北部。

西藏樟木/董磊

西藏/张明

西藏山南/李锦昌

西藏樟木/董磊

白领凤鹛

White-collared Yuhina

体长：17厘米　居留类型：留鸟

特征描述：体型较大的灰褐色凤鹛。雌雄羽色相似，通体烟灰褐色，白色眉纹从眼后向后枕和羽冠散开，羽冠前半部分褐色而后半部分白色，飞羽黑色且具白色羽缘。下腹至尾下覆羽白色，尾羽羽轴白色。
虹膜红褐色；喙橘黄色；脚橘红色。
生态习性：见于低山常绿阔叶林至高山草甸灌丛的多种生境，多成小群活动，冬季下至平原越冬，是中国最为常见且分布范围最广的凤鹛，声喧闹而不惧人。
分布：中国见于广东、湖北西部、贵州、重庆、陕西、甘肃南部、四川以及云南。国外分布于缅甸北部和越南北部。

四川瓦屋山/沈越

重庆南川/肖克坚

四川卧龙/董磊

1314

棕臀凤鹛
Rufous-vented Yuhina

体长：13厘米
居留类型：留鸟

特征描述：体型略小的灰褐色凤鹛。头顶具灰色冠羽，前部密布白色纵纹，顶端以后为红棕色，头灰色而具黑色下颊纹，颈背灰色，上背至尾上覆羽橄榄褐色，颏、喉白色，胸腹部灰色但胸部颜色较深，尾下覆羽红棕色。

虹膜黑褐色，具白色眼圈；喙橘红色；脚橘黄色。

生态习性：见于中高海拔的阔叶林、针阔混交林以及针叶林中，非繁殖季下至低海拔栖息地，活动于植被中上层，常混群觅食于竹林和灌丛中。

分布：中国见于西藏南部和东南部，云南以及四川西南部。国外分布于喜马拉雅山脉至缅甸北部。

棕臀凤鹛常造访有蜜的开花植物/云南/张明

云南德钦/董磊

1315

台湾/吴崇汉

褐头凤鹛
Taiwan Yuhina

体长：13厘米
居留类型：留鸟

　　特征描述：体型略小的褐色凤鹛。头灰色而具栗褐色羽冠，且沿栗褐色两侧具粗黑色边缘，顶部在冠羽之后为白色，眼后具黑色贯眼纹，沿耳后与下颊纹相连，颏、喉白色并具黑色细纹，上体、两翼及尾上覆羽褐色，胸部灰色，下体白色。

　　虹膜红褐色；喙黑色；脚黄褐色。

　　生态习性：常单独或成对或集小群活动于中高海拔森林中，非繁殖季下移至低海拔栖息地越冬，活动于树林中高层，有时也见于林下和灌木层，常与其他小型鸟类混群。

　　分布：中国鸟类特有种，仅分布于台湾岛山地森林中。

台湾/张永

台湾/陈世明

1317

浆果是褐头凤鹛重要的食物/台湾/吴崇汉

台湾/吴崇汉

台湾/吴崇汉

黑额凤鹛
Black-chinned Yuhina

体长：11厘米
居留类型：留鸟

　　特征描述：体型较小的灰白色凤鹛。头、羽冠及颈背灰色，羽冠前端黑色而具白色羽缘，眼先至颏部黑色，上背至尾上覆羽橄榄褐色，喉、胸及腹部白色，尾下覆羽及两胁皮黄色。

　　虹膜黑色；上喙黑色，下喙鲜红色；脚橙黄色。

　　生态习性：多栖息于中低海拔的山地常绿阔叶林和针阔混交林中，也见于天然林、次生林、人工林以及果园、公园和田边灌丛，非繁殖季常集群活动，也与其他小型鸟类混群，性活泼而不甚惧人。

　　分布：中国见于西藏东南部、四川、云南、陕西、重庆、湖北、湖南、贵州、广西、广东、江西、浙江和福建，不见于台湾岛和海南岛。国外分布于喜马拉雅山脉至印度东北部及中南半岛极北部。

福建将乐/沈越

福建武夷山/郑建平

黑额凤鹛常与柳莺（左）等小鸟组成混合鸟群，有时也难免冲突/四川唐家河国家级自然保护区/黄徐

亲鸟（左）向刚出巢的幼鸟（右）提供食物/福建武夷山/郑建平

四川绵阳/王昌大

红嘴鸦雀
Great Parrotbill

体长：28厘米
居留类型：留鸟

特征描述：体型甚大的褐色鸦雀。头前额具浅白色，眼先深色，通体棕褐色，两翼偏棕色且飞羽的羽缘浅色。

虹膜黑褐色；喙橙红色；脚角质褐色。

生态习性：见于中高海拔山地的针阔混交林、针叶林下的灌丛和竹林中，成对或集小群活动，常见与其他大型鸦雀或噪鹛类混群。曾有观鸟者在野外观察到其白化个体。

分布：中国见于甘肃和陕西南部、重庆东北部，四川北部、中部和西南部，云南西北部以及西藏南部。国外分布于喜马拉雅山脉中段东部至缅甸东北部。

四川瓦屋山/沈越

红嘴鸦雀是个体最大的鸦雀，喙较其它鸦雀显得细长/四川雅安/王昌大

三趾鸦雀

Three-toed Parrotbill

体长：20厘米
居留类型：留鸟

　　特征描述：体型较大的褐色鸦雀。外形似褐鸦雀，但具有与红嘴鸦雀类似的浅白色前额，白色眼眶宽阔而明显，脚仅具三趾。

　　虹膜黑色；**喙**黄色；**脚**角质褐色。

　　生态习性：见于中高海拔山地的针阔混交林、暗针叶林下的竹林、杜鹃灌丛和林缘，声喧闹。在同域分布区也见与褐鸦雀混群，较依赖于竹林。

　　分布：中国鸟类特有种，仅分布于陕西南部、四川北部和中南部以及甘肃南部。

四川卧龙/董磊

四川瓦屋山/杨金

褐鸦雀
Brown Parrotbill

体长：20厘米　居留类型：留鸟

特征描述：体型较大的褐色鸦雀。全身棕褐色，头部黑色眉纹不明显，上体偏棕色，下体灰褐色。
虹膜黑褐色，具不明显的浅色眼圈；喙黄色；脚角质褐色。

生态习性：栖息于中高海拔山地的针阔混交林、针叶林的林下和林缘灌丛、杜鹃丛以及竹林中，成对或成小群活动，活泼而不惧人，对竹林有较强依赖性。

分布：中国见于四川中南部和西南部、云南西部和西北部以及西藏南部。国外分布于喜马拉雅山脉南部，东至缅甸北部。

四川康定/董磊

西藏亚东/肖克坚

西藏山南/李锦昌

点胸鸦雀
Spot-breasted Parrotbill

体长：18厘米
居留类型：留鸟

　　特征描述：体型较大的棕褐色鸦雀。雌雄羽色相似，头栗棕色，脸颊黑色斑驳，耳后具明显月牙形黑色块斑，上体包括两翼和尾上覆羽棕褐色，喉至上胸具矛状黑色细纹，下体皮黄色。

　　虹膜黑褐色；喙黄色；脚角质灰色。

　　生态习性：栖息于低海拔至中海拔山区的阔叶林、混交林以及次生林的林下灌丛和竹林中，也见于农田周边的灌丛、荒地和果园，常单独或成对活动，有时也成小群，声喧闹而易发现。

　　分布：中国见于长江流域及以南的山区。国外分布于印度西北部以及中南半岛北部。

四川宜宾/肖克坚

四川宜宾/肖克坚

点胸鸦雀更多地活动于灌丛生境而从不见于密林。鸦雀独特的喙型使其善于剥开植物组织获得食物/四川宜宾/肖克坚

震旦鸦雀

Reed Parrotbill

保护级别：IUCN：近危
体长：17厘米
居留类型：留鸟

　　特征描述：体型较大的灰棕色鸦雀。头、后颈、喉和前胸灰色，具宽阔的黑褐色侧冠纹，眼先黑色，上体浅棕色而具深色纵纹，两翼具浅色翼斑，下体黄棕色，尾楔形，中央尾羽黄棕色，两侧黑色而具白色端斑。

　　虹膜黑褐色；喙黄色；脚角质黄色至粉褐色。

　　生态习性：常成对或集小群活动于沿海和湖泊周边的芦苇湿地中，声喧闹，性活泼而不惧人。由于对芦苇湿地的严重依赖，在沿海滩涂被大力开发的情况下，其栖息地正遭受到严重威胁。

　　分布：中国见于东北至华东的沿海和黄河以及长江流域下游的芦苇地和草荡。国外仅边缘分布于蒙古和俄罗斯。

河北衡水/沈越

辽宁/张明

江苏盐城/孙华金

震旦鸦雀几不见于芦苇丛以外的生境，这种鸟需要大片且连续的芦苇荡，在北方的群体显示出对严寒的惊人适应力/辽宁/张明

白眶鸦雀
Spectacled Parrotbill

体长：13厘米
居留类型：留鸟

特征描述：体型略小的棕褐色鸦雀。头顶至后颈栗褐色，下颊至下体粉褐色，上体、两翼及尾上覆羽棕褐色。

虹膜黑褐色，白色眼眶明显；喙肉黄色；脚角质黄色至粉褐色。

生态习性：见于中高海拔山地的林缘灌丛、竹林和草丛中，常成对或集小群活动，性活泼，有时与其他鸟类混群。

分布：中国鸟类特有种，分布于青海东北部，甘肃南部，陕西南部，四川北部、西部和东北部，重庆北部和东北部，湖北以及湖南西部。

甘肃/张永

甘肃莲花山/沈越

棕头鸦雀
Vinous-throated Parrotbill

体长：12厘米　　居留类型：留鸟

特征描述：体型较小的棕褐色鸦雀。全身粉棕褐色，头和两翼更偏棕红色，喉偏白色而具棕红色细纵纹，尾棕褐色。
虹膜黑褐色；喙角质褐色而尖端黄绿色；脚角质褐色至粉褐色。
生态习性：常见于低海拔至中海拔山地的常绿阔叶林的底层，也见于林缘、灌草丛、公园、苗圃、荒地等多种生境，是分布区最广、演化最为成功的鸦雀。
分布：中国见于东北、华北、华中、华东、华南以及西南部分地区，也见于台湾岛。国外分布于俄罗斯远东东南部、朝鲜半岛以及越南北部。

江西婺源/曲利明

四川/王揽华

北京/沈越

灰喉鸦雀

Ashy-throated Parrotbill

体长：12厘米
居留类型：留鸟

　　特征描述：体型较小的棕褐色鸦雀。似棕头鸦雀，但头棕红色，脸颊至上胸浅灰至深灰色，头和脸颊颜色对比明显，上体橄榄褐色，两翼棕红色，尾棕褐色，下体皮黄色而染白色。过去曾作为棕头鸦雀的亚种，现在一般认为其为独立种。

　　虹膜黄白色；喙黄色；脚角质褐色至粉褐色。

　　生态习性：常见于中低海拔林地的林缘、灌丛和竹丛中，常集群活动，声喧闹而易发现，部分地区种群和棕头鸦雀有同域分布现象。

　　分布：中国分布于四川中西部、南部和东南部，重庆西南部和南部，贵州北部和西北部，云南中部、东部至东南部。国外仅边缘分布于越南西北部。

四川成都/董磊

四川绵阳/王昌大

褐翅鸦雀
Brown-winged Parrotbill

体长：12厘米
居留类型：留鸟

云南腾冲/沈越

　　特征描述：体型较小的棕褐色鸦雀。头棕红色，眼后颜色稍浅，喉白色而具棕红色细纵纹，上体包括两翼和尾上覆羽棕褐色，下体浅灰褐色，胸腹染白色。似棕头鸦雀但头更偏红色，两翼为褐色，头身颜色界限明显。

　　虹膜黑色；喙肉黄色但嘴峰角质深色；脚粉褐色。

　　生态习性：常见于中低海拔山地的常绿阔叶林、针阔混交林以及针叶林下的竹丛和灌丛中，常集群活动，声喧闹而易发现。

　　分布：中国见于四川南部、西南部，云南西北部和西部。国外分布于缅甸东北部。

云南怒江/李锦昌

暗色鸦雀
Grey-hooded Parrotbill

保护级别：IUCN：易危
体长：13厘米
居留类型：留鸟

　　特征描述：体型略小的灰色鸦雀。雌雄羽色相似，头、颈、上背、喉、胸灰色而具羽冠，其余部位为棕褐色。

　　虹膜黑褐色，具明显白色眼眶；喙黄色；脚角质灰色。

　　生态习性：单独或成对栖息于高海拔山地的暗针叶林下的竹林和灌丛中，声喧闹而不惧人，分布狭窄且对竹林依赖严重。

　　分布：中国鸟类特有种，仅分布于四川西南部、云南东北部和贵州西北部。

四川/张永

四川/张永

灰冠鸦雀
Rusty-throated Parrotbill

保护级别：IUCN：易危
体长：14厘米
居留类型：留鸟

四川唐家河国家级自然保护区/邓建新

　　特征描述：体型略小的葡萄棕色鸦雀。雌雄羽色相似，头具灰色顶冠，额及眉纹黑色，脸颊灰色染葡萄红色，上体和尾上覆羽橄榄褐色，喉至下胸灰色，下腹至尾下覆羽棕红色。

　　虹膜黑褐色；喙肉色；脚角质灰色。

　　生态习性：成对或集小群栖息于高海拔山地的针阔混交林或暗针叶林下的竹林中，常与白眶鸦雀、褐头雀鹛等小型鸟类混群，对竹林具强烈依赖。

　　分布：中国鸟类特有种，仅分布于甘肃南部和四川北部。

四川青川/董磊

黄额鸦雀
Fulvous Parrotbill

体长：12厘米　　居留类型：留鸟

特征描述：体型较小的浅橙色鸦雀。全身浅橙色，具宽阔的深灰蓝色侧冠纹，两翼具橙红色翼斑，飞羽和尾端色深，下腹和胸白色，两胁橙色。

虹膜黑褐色；上喙肉色而喙峰深色，下喙肉色；脚角质灰色。

生态习性：栖息于中高海拔山地的针阔混交林、暗针叶林、杜鹃丛和竹林中，多成对活动，繁殖季节营巢于竹林底层，甚不怕人，行动活泼，对竹林具较强的依赖性。

分布：中国见于甘肃南部、陕西南部、四川西部和西南部、云南西北部和西部及西藏东南部。国外分布于喜马拉雅山脉中段。

四川瓦屋山/张铭　　　　　　　　　　　　　　　　　　　　　　　　四川瓦屋山/张铭

四川雅安/王昌大

橙额鸦雀

Black-throated Parrotbill

体长：11厘米　　居留类型：留鸟

特征描述：体型较小的灰色和棕橙色鸦雀。头顶灰色或橙黄色，眉纹粗而呈黑色，具白色的眼罩和下颊，喉黑色，后颊至胸灰色，颈背灰色或橄榄橙色，上体橙色，两翼鲜橙色，飞羽黑色并具灰白色羽缘，下体灰色或橙黄色，尾羽棕褐色。各亚种之间头部纹路和下体羽色差异较明显。

虹膜黑褐色，具黑色眼圈；喙角质黑色；脚角质黄色或黑色。

生态习性：栖息于中高海拔山地的常绿阔叶林和竹林中，声喧闹而不惧人。

分布：中国见于西藏南部、东南部及云南西部。国外分布于喜马拉雅山脉至印度西北部和中南半岛北部。

橙额鸦雀不同地理种群细部有别，如栖息于云南中部的个体眼后有大面积深色，颇不同于图上者/西藏樟木/张永

金色鸦雀
Golden Parrotbill

体长：11厘米　居留类型：留鸟

　　特征描述：体型较小的橄榄橙色鸦雀。头橙色，眉纹白色或白色不明显，下颊白色，喉黑色，上背橄榄橙色，下体白色而染橙色，尾红褐色。过去常作为橙额鸦雀的亚种，现在多数观点认为其为独立种。
　　虹膜褐色；喙角质黑色；脚角质黄色或褐色。
　　生态习性：栖息于中低海拔山地的常绿阔叶林的林下及竹林灌丛中，声喧闹而不怯生，冬季常集大群活动。
　　分布：中国见于陕西南部，重庆北部和东部，湖北西北部，四川中部和南部，云南东北部、东南部，贵州、湖南、广西、福建、广东以及台湾岛。国外分布于中南半岛北部。

四川雅安/王昌大

四川宜宾/董磊

台湾/吴威宪

短尾鸦雀
Short-tailed Parrotbill

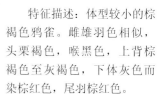

体长：10厘米
居留类型：留鸟

特征描述：体型较小的棕褐色鸦雀。雌雄羽色相似，头栗褐色，喉黑色，上背棕褐色至灰褐色，下体灰色而染棕红色，尾羽棕红色。

虹膜黑褐色；喙肉色；脚肉色。

生态习性：栖息于中低海拔山地的常绿阔叶林和竹林中，常集小群活动于植被中下层，性活泼而声嘈杂。

分布：中国分布于云南东南部、湖南南部以及福建和浙江。国外分布于中南半岛北部。

福建武夷山/林剑声

福建武夷山/林剑声

黑眉鸦雀
Lesser Rufous-headed Parrotbill

体长：15厘米　　居留类型：留鸟

特征描述：体型稍小的橙红色鸦雀。头橙红色，具短的黑色眉纹，上体包括两翼和尾上覆羽橙红色，下体黄白色。
虹膜黑色；上喙角质灰色而尖端肉色，下喙肉色；脚角质黑色。
生态习性：多成对或集小群栖息于中低海拔山地的竹林、灌丛中，觅食于植被中下层，性活泼而声喧闹，有时也与其他小型鸟类混群。
分布：中国见于云南西部。国外分布于印度次大陆东北部至中南半岛极北部。

云南那邦/沈越

灰头鸦雀
Grey-headed Parrotbill

体长：17厘米
居留类型：留鸟

　　特征描述：体型较大的褐色鸦雀。具特征性的浅灰色头部，前额和侧冠纹黑色，下颊染白色，喉黑色，上体包括两翼和尾上覆羽棕褐色，上胸至下体白色。

　　虹膜黑色；喙橘红色；脚角质灰色。

　　生态习性：多集小群栖息于低海拔山地的常绿阔叶林、次生林、人工林和竹林中，也见于公园和苗圃等多种生境，不甚惧人。

　　分布：中国广布于长江流域及以南地区，包括海南岛，但不见于台湾岛。国外分布于喜马拉雅山脉中段、印度东北部，南至中南半岛。

广西/张永

福建武夷山/林剑声

1341

白胸鸦雀
White-breasted Parrotbill

体长：17厘米
居留类型：留鸟

特征描述：体型较大的橄榄褐色鸦雀。形态似红头鸦雀，但体型较小，翅和尾相对较短，喉至下体白色。

虹膜黑色，具浅色眼圈；上喙角质褐色，下喙浅色；脚灰褐色。

生态习性：常单独栖息于中海拔山地的常绿阔叶林和竹林灌丛中，习性同红头鸦雀。

分布：中国见于西藏东南部。国外分布于喜马拉雅山脉中段和东段。

西藏山南/李锦昌

西藏山南/李锦昌

红头鸦雀

Rufous-headed Parrotbill

体长：18厘米
居留类型：留鸟

特征描述：体型较大的橄榄褐色鸦雀。头棕红色，上背、两翼至尾上覆羽橄榄褐色，喉至下体白色或染皮黄色。

虹膜黑色，具浅色眼圈；上喙角质褐色，下喙浅色；脚灰褐色。

生态习性：多单独栖息于中低海拔山地的常绿阔叶林、竹林和灌丛中，也见于芦苇丛和高草丛，性活泼而声嘈杂，有时也与其他鸦雀混群。

分布：中国见于云南西北部和西部。国外分布于印度东北部经缅甸北部和东部至越南北部。

云南瑞丽/董磊

云南瑞丽/董磊

山鹛
Chinese Hill Babbler

体长：18厘米　　居留类型：留鸟

　　特征描述：体型较大的褐色莺类。雌雄颜色相似，头灰褐色且顶冠具纵纹，具灰白色粗眉纹、褐色贯眼纹和黑色下颊纹，上体包括两翼和尾上覆羽灰褐色，具黑褐色纵纹，颏喉白色，胸至下腹白色而具橙红色纵纹，尾呈楔形，为灰棕色，外侧尾羽末端灰白色，尾下覆羽栗色。

　　虹膜褐色；喙角质黄色；脚黄褐色。

　　生态习性：主要栖息于中低山、丘陵和平原的疏树、林缘、灌丛和荒草生境，单独或成群活动，性活泼。

　　分布：中国分布于东起吉林东部，经辽宁、北京、河北、山西、河南至内蒙古、山西、宁夏、青海，西至新疆。国外仅偶见于朝鲜半岛。

辽宁北票/沈越

辽宁北票/沈越

山鹛通常匿身于茂密的灌草植被中，较少至突出地暴露处/辽宁北票/沈越

火尾绿鹛
Fire-tailed Myzornis

体长：12厘米　居留类型：留鸟

特征描述：体型较小的亮绿色小鸟。雄鸟全身鲜绿色，头具黑色窄眼罩，头顶具黑色鳞状斑，两翼黑色，具白色端斑和橙红色块斑，胸红色，尾羽末端黑色，外侧鲜红色，尾下覆羽棕黄色。雌鸟似雄鸟但羽色较暗淡，且胸部不染红色。

虹膜红褐色；灰黑色；脚黄褐色。

生态习性：多单独或成对栖息于中高海拔山地的森林、竹林及高山杜鹃灌丛，嗜食花蜜，常见与太阳鸟、绣眼鸟等食蜜类小鸟混群，活动于植被中下层，但极少下地。

分布：中国见于西藏南部、东南部和云南西部及西北部。国外分布于喜马拉雅山脉中部至东南部、缅甸北部。

西藏/张明

西藏/张永

西藏/陈久桐

西藏/张永

西藏/陈久桐

横斑林莺

Barred Warbler

体长：15厘米
居留类型：夏候鸟

特征描述：体型稍大的辉黑色林莺。雌雄体色相似，上体深灰色，具深色贯眼纹，两翼具两道浅黄色翼斑，颏、喉至下体白色，胸腹部具细褐色鳞状横斑。

虹膜黄白色；上喙黑褐色，下喙基部浅色；脚黄褐色。

生态习性：多单独栖息于中低海拔的草地、荒漠、灌丛、林缘及绿洲，也见于疏林和人工园林等多种生境，喜带刺的灌木，性活泼而好动。

分布：中国繁殖季见于新疆西部和北部，迷鸟见于河北。国外分布于中欧至中亚，越冬于非洲东部。

新疆哈密/沈越

新疆乌鲁木齐/苟军

白喉林莺
Lesser Whitethroat

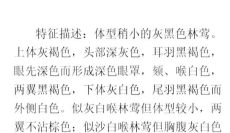

体长：13厘米
居留类型：夏候鸟、旅鸟、迷鸟

　　特征描述：体型稍小的灰黑色林莺。上体灰褐色，头部深灰色，耳羽黑褐色，眼先深色而形成深色眼罩，颏、喉白色，两翼黑褐色，下体灰白色，尾羽黑褐色而外侧白色。似灰白喉林莺但体型较小，两翼不沾棕色；似沙白喉林莺但胸腹灰白色而非白色，体色也较之为深。

　　虹膜浅褐色；上喙黑褐色，下喙基部浅色；脚灰褐色。

　　生态习性：多单独或成对栖息于灌丛、矮树、河边绿洲、林缘、疏林以及公园里，性隐匿，活泼而不惧人，觅食于灌木底层。

　　分布：中国分布于新疆、青海、甘肃、内蒙古、黑龙江，迁徙季节见于西北、东北和华北，迷鸟见于台湾岛。国外分布于欧亚大陆的温带至亚寒带地区，越冬至非洲、中东和南亚。

新疆阿勒泰/沈越

新疆阿勒泰/张国强

1349

沙白喉林莺
Desert Whitethroat

体长：13厘米
居留类型：夏候鸟

　　特征描述：体型略小的浅灰色林莺。头至上体以及尾上覆羽沙灰色，头部颜色更淡，两翼灰褐色，喉至下体白色，两胁染灰色，外侧尾羽白色。过去常作为白喉林莺*Sylvia curruca*的亚种，现多数观点认为其为独立种。

　　虹膜黑褐色；喙黑色；脚灰褐色。

　　生态习性：多见于戈壁、半荒漠和荒漠地带的灌丛、疏林及矮树中，也见于沙漠绿洲等生境，活动于灌木底层。

　　分布：中国繁殖于新疆西部和东部、宁夏、青海、甘肃和内蒙古。国外分布于中亚和西亚。

新疆阿勒泰/张国强

新疆阿勒泰/张国强

休氏白喉林莺

Hume's Whitethroat

体长：13厘米　居留类型：夏候鸟

　　特征描述：身体中型的略深色林莺。上体比白喉林莺和沙白喉林莺都要深，头顶至上背深灰色，在眼周和眼先的部分颜色更深，背及两翼灰色而偏棕色。喉至下体白色，两胁染灰色，外侧尾羽白色，喙要比其他林莺偏粗长。过去常作为白喉林莺*Sylvia curruca*的亚种，现多数观点认为其为独立种。

　　虹膜黑褐色；喙黑色；脚灰褐色。

　　生态习性：多见于海拔2000－3600米山地的阔叶林、灌丛或者多岩石的坡上，越冬时也见于树林中。

　　分布：中国繁殖于新疆西南部的帕米尔高原。国外繁殖地分布于中亚、阿富汗、巴基斯坦、伊朗，越冬时见于伊朗南部、伊拉克、印度西部和斯里兰卡。

新疆喀什/雷进宇

亚洲漠地林莺

Asian Desert Warbler

体长：11厘米　　居留类型：夏候鸟、旅鸟、迷鸟

　　特征描述：体型较小的棕色林莺。头至整个上体灰褐色，腰和尾上覆羽棕色，颏、喉至下体以及尾下覆羽白色。较中国分布的其他林莺体型为小，且偏棕色。

　　虹膜黄白色；喙黄色而喙峰黑色；脚黄褐色。

　　生态习性：栖息于荒漠和半荒漠的灌丛、石滩和疏林地带，常单独或成对活动，取食于地面，尾常上下翘动。

　　分布：中国见于新疆、内蒙古西部和青海北部，迷鸟至台湾岛。国外分布于西亚和中亚，越冬至东北非、中东和南亚北部。

新疆/张明

内蒙古阿拉善左旗/王志芳

新疆克拉玛依/赵勃

1352

内蒙古阿拉善左旗/王志芳

灰白喉林莺
Common Whitethroat

体长：14厘米　　居留类型：夏候鸟

特征描述：体型稍大的灰白色林莺。上体灰色偏棕色，头灰色而具羽冠，背偏棕色，两翼黑色而具棕色羽缘，喉部白色且羽毛蓬松，胸至下体灰色，腹部偏白色，尾羽黑褐色而外侧白色。

虹膜黑褐色，皮黄色眼圈明显；上喙角质褐色，下喙浅色；脚黄褐色。

生态习性：栖息于中低海拔山地的林缘、沟谷、荒地、灌丛和田野中，也见于果园和人工林等多种生境。单独或成对活动于灌木中下层，有时与其他林莺混群，主要以昆虫为食。

分布：中国见于新疆东部、北部和西部以及内蒙古西部。国外分布于欧洲经西亚至中亚，越冬于非洲，迁徙时见于南亚北部和中东。

新疆/张明

占区鸣叫的个体因多立于突出处而较易见到/新疆布尔津/吴世普

搜集巢材/新疆布尔津/沈越

新疆/张永

红胁绣眼鸟

Chestnut-flanked White-eye

体长：11厘米
居留类型：夏候鸟、冬候鸟、旅鸟

特征描述：体型较小的橄榄绿色绣眼鸟。头及上背体羽橄榄绿色，具明显白色眼圈，眼先深色，喉部黄色，胸腹部白色且胸部灰色较重，两胁橙红色，尾下覆羽明黄色。

虹膜红褐色；喙蓝灰色；脚灰黑色。

生态习性：繁殖季节栖息于高纬度低山、丘陵及平原地带的阔叶林和次生林中，也见于中海拔森林，迁徙季节见于公园、苗圃、果园、林地等多种生境。多集小群活动于树冠层，常觅食于多花的乔木或灌丛中，有时与其他绣眼鸟混群。

分布：中国繁殖于黑龙江、吉林、辽宁以及华北，迁徙经华北、华中、华东和西南，也有部分于华中和西南的高海拔地区繁殖，越冬见于西南和华南，包括海南岛，迷鸟至台湾岛。国外分布于东北亚和中南半岛。

红胁绣眼鸟是同属中最为耐寒者，分布至中国极东北处/黑龙江牡丹江/沈越

与其他绣眼鸟一样，红胁绣眼鸟吃大量浆果和水果/江西南昌/纪伟东

仅在迁徙季节，才易在华北地区观察到红胁绣眼鸟，它们通常结相当大的群体/天津/张永

暗绿绣眼鸟

Japanese White-eye

体长：10厘米
居留类型：夏候鸟、留鸟、旅鸟

　　特征描述：体型较小的橄榄绿色绣眼鸟。头及上体橄榄绿色，具明显的白色眼圈，前额和喉部黄色，胸浅灰色，腹部白色，尾下覆羽鲜黄色。

　　虹膜褐色；喙蓝灰色；脚灰黑色。

　　生态习性：栖息于中低海拔山地的阔叶林、针阔混交林以及果园、苗圃、公园等具高大乔木的生境，非繁殖季南迁或下至低海拔林地，多集群活动于树冠层和开花乔木及灌木中，也与其他绣眼鸟混群。

　　分布：中国分布于黄河流域以南的多种生境，冬候鸟和留鸟见于华南，包括台湾岛和海南岛。国外分布于日本、朝鲜半岛、东亚，南至中南半岛北部。

嗜食花蜜是许多绣眼鸟科鸟类的通性/福建福州/郑建平

台湾/张永

台湾/吴威宪

江苏无锡/张明

低地绣眼鸟

Lowland White-eye

体长：12厘米　居留类型：留鸟

特征描述：体型较小的绣眼鸟。头部黄绿色，具绣眼鸟标志性的白色眼圈，上背黄绿色，飞羽和尾上覆羽深绿色，喉至上胸浅黄绿色，下胸至腹部白色，下腹稍微染黄色，两胁染灰褐色，尾下覆羽浅黄绿色。在形态上与暗绿绣眼鸟很相似，但本种眼先呈黄色，而暗绿绣眼鸟眼先为黑色。

虹膜红褐色；喙黑色；脚灰黑色。

生态习性：栖息于低地的次生林、人工林和林缘地带。

分布：中国留鸟见于台湾岛的绿岛和兰屿岛。国外分布于菲律宾附近海域岛屿。

台湾/孙驰

绣眼鸟通常结伴生活，同伴间常相互梳理羽毛/台湾/曲利明

台湾/孙驰

灰腹绣眼鸟
Oriental White-eye

体长：11厘米　居留类型：留鸟

特征描述：体型较小的黄绿色绣眼鸟。上体黄绿色，眼周具明显的白色眼圈，眼先和眼下黑色，颏、喉至胸部鲜黄色，腹部灰白色，胸腹中央具明显到不明显的柠檬黄色领带，尾下覆羽鲜黄色。
虹膜红褐色；喙黑色；脚铅黑色。
生态习性：多集小群栖息于中低山的丘陵、平原、山地的常绿阔叶林和次生阔叶林中，也见于沟壑、河谷、田野和村落边的灌丛和树林，有时与太阳鸟和其他绣眼鸟混群。
分布：中国分布于西藏东南部、四川西南部、云南、贵州至广西西南部。国外分布于印度次大陆、东南亚。

云南西双版纳/沈越

云南瑞丽/董磊

与暗绿绣眼鸟相比，灰腹绣眼鸟整体偏黄色/云南西双版纳/沈越

和平鸟
Asian Fairy Bluebird

体长：26厘米　居留类型：留鸟

特征描述：中等体型的蓝黑色鸟类。雄鸟头顶沿后枕至上背、两翼覆羽、腰、臀及尾上覆羽的中段为辉蓝色，脸颊沿颈侧至胸部和下腹为黑色，两翼飞羽黑色，尾羽末段黑色。雌鸟全身铜蓝色而两翼飞羽黑褐色。

虹膜暗红色；喙黑色；脚灰黑色。

生态习性：常单独或成对栖息于中低海拔的热带山地森林、雨林和次生林的树冠层，多以昆虫和植物果实为食。

分布：中国见于西藏东南部和云南南部。国外分布于南亚次大陆经缅甸至东南亚。

云南西双版纳/王昌大

西藏山南/李锦昌

西藏山南/李锦昌

台湾戴菊

Flamecrest

体长：9厘米
居留类型：留鸟

　　特征描述：体型甚小的橄榄绿色小鸟。眼周具黑色眼圈，眼圈外具一白色环，前部经眼先延至喙基，后部形成白色眉纹，前额黑色，具黑色侧冠纹，顶冠纹前部鲜红色，后部黄色，下颊纹黑色，背及尾上覆羽橄榄黄色，腰部黄色，两翼深绿色至黑色具白色翼斑，颏、喉至下腹白色，胸部灰色且两胁至尾下覆羽明黄色。雌鸟似雄鸟但颜色较暗淡，头顶冠纹无红色，而为明黄色且较细。

　　虹膜黑褐色；喙黑色；脚灰黑色。

　　生态习性：单独或成对栖息于中高海拔山地的针叶林及针阔混交林中，冬季下至低海拔地带或平原越冬，活动于森林中上层，性活泼，喜与其他山雀等鸟类混群。

　　分布：中国鸟类特有种，仅分布于台湾岛山区。

台湾/陈世明

台湾/陈世明

台湾/吴崇汉

台湾/吴崇汉

戴菊
Goldcrest

体长：9厘米　　居留类型：夏候鸟、冬候鸟、旅鸟、留鸟

　　特征描述：体型甚小、头顶艳丽的橄榄绿色鸟类。雄鸟头顶具黑色侧冠纹和金黄色顶冠纹，头顶至后枕冠纹为橙红色，上体橄榄绿色，两翅具白色翼斑，腰橄榄黄色，下体灰白色，两胁染棕黄色，眼周具白色眼眶，似柳莺但细节差别明显。雌鸟似雄鸟但显暗淡，头顶至后枕顶冠纹为柠檬黄色而非橙红色。

　　虹膜黑褐色；喙黑色；脚灰黑色。

　　生态习性：是典型的古北界泰加林鸟类，栖息于中高海拔山地的针叶林和针阔混交林中，非繁殖季下移至低海拔山区及平原越冬，多单独或成对活动，多与其他莺类和山雀混群。

　　分布：中国分布于东北、华北、华东和东南，包括台湾岛，以及新疆西部、西北部，西藏南部沿喜马拉雅山脉至陕西、甘肃、青海、四川、贵州、湖北、湖南、云南等地。国外分布于古北界南部，从西欧经中亚至日本。

雌鸟/北京/沈越

戴菊冬季主要在常绿针叶树上觅食，寻找越冬虫卵和幼虫。为适应冬季的低温严寒，戴菊已形成了一系列生理特征/新疆乌鲁木齐/夏咏

雄鸟/北京百望山/韩冬

鹪鹩
Eurasian Wren

体长：10厘米　居留类型：冬候鸟、留鸟

特征描述：体型较小的密布斑纹的棕色鸟类。通体栗褐色，密布黑色细横纹，眉纹浅皮黄色至白色，两翼肩部具白色点星点斑。雌雄体色相近。

虹膜暗褐色；喙角质色；脚灰黑色。

生态习性：多单独栖息于森林、沟谷和阴湿的林下，见于阔叶林、针阔混交林、针叶林等多种林相，也见于公园和村落，性活泼且隐匿，尾常垂直上翘。

分布：中国见于东北、华北经华中至西南以及西藏南部和新疆，越冬见于华东和华南，留鸟种群分布于台湾岛。国外广布于整个古北界的适宜生境。

只有在冬季，鹪鹩才出现在北方平原地区，喜近水多岩地带，搜索越冬的昆虫为食/辽宁/张永

北京/沈越

台湾/吴崇汉

1367

普通䴓
Eurasian Nuthatch

体长: 13厘米
居留类型: 留鸟

　　特征描述: 中等体型的蓝灰色䴓类。上体蓝灰色至石板灰色, 具显著特征是黑色贯眼纹从喙基一直延伸至肩部, 额、喉白色, 胸至下体从纯白色至黄棕色到肉桂棕色, 两胁栗色, 尾下覆羽白色且具由栗色羽缘形成的鳞状斑。

　　虹膜黑褐色; 喙黑色, 下喙基部色浅; 脚灰黑色。

　　生态习性: 栖息于中低海拔山地或高纬度的阔叶林、针阔混交林以及针叶林区, 常单独或集小群觅食于树干, 能够头朝下攀援于树干, 呈垂直上下或螺旋状, 性好奇而不惧生, 常加入混合鸟群。

　　分布: 中国见于新疆北部、东北、华北、华东、华中及东南, 包括台湾岛。国外广布于古北界的温带和亚热带。

四川青川/董磊

东北地区的普通䴓胸腹部少红色。普通䴓嗜食含油量大的种子, 如松柏籽、葵花籽或核桃/黑龙江牡丹江/沈越

南方的普通䴓腹部沾褐红色调/四川青川/董磊

黑龙江牡丹江/沈越

栗臀鸭

Chestnut-vented Nuthatch

体长：13厘米
居留类型：留鸟

特征描述：中等体型的灰色鸭类。体羽似普通鸭但下体为浅灰棕色，两胁具砖红色，尾下覆羽红棕色而具白色端斑。

虹膜黑褐色；喙灰黑色而下喙基部浅色；脚灰褐色至黑褐色。

生态习性：单独或成对栖息于中高海拔山地的针阔混交林和针叶林中，与其他小型鸟类混群。过去作为普通鸭的亚种，但占据了更高海拔的栖息地，两者有明显隔离，现多被作为独立种。

分布：中国见于西藏东南部、四川西部和西南部、云南、贵州西南部，孤立种群见于武夷山地区。国外分布于喜马拉雅山脉东南部至中南半岛北部。

云南腾冲/沈越

四川天全/董磊

鸻以树洞为巢，有时用泥将洞口封住，仅留一极小且仅够容身的孔洞出入/四川龙溪虹口自然保护区/张铭

西藏林芝/邢睿

栗腹鸭
Chestnut-bellied Nuthatch

体长：13厘米
居留类型：留鸟

特征描述：中等体型的灰色和栗红色鸭类。头顶、上体至尾上覆羽蓝灰色，具前细后宽的黑色贯眼纹，下颊白色。额、喉、颈侧至整个下体栗红色，外侧尾羽黑色，尾羽端部白色。雌鸟似雄鸟，但下体颜色较淡。

虹膜棕褐色；喙黑色，下喙基部浅色；脚黑褐色。

生态习性：多单独或成对活动于中低海拔山地阔叶林及次生林中，也见活动于人工针叶林中，常见与山雀等小型鸟类和其他鸭类混群。

分布：中国见于西藏东南部、云南西部和南部。国外分布于喜马拉雅山脉经印度东北部至中南半岛北部。

云南/田穗兴

西藏山南/李锦昌

白尾䴓
White-tailed Nuthatch

体长：12厘米　　居留类型：留鸟

特征描述：体型较小的灰色和栗色䴓类。头及上背至尾上覆羽深石板灰色，具黑色贯眼纹但无白色眉纹，下颊和颏、喉白色，胸至尾下覆羽栗色，尾羽中央基部白色而形成白尾。

虹膜黑褐色；上喙黑色，下喙基部浅色；喙黄褐色。

生态习性：单独或成对栖息于中高海拔山地的阔叶林、针阔混交林和针叶林中，习性同其他䴓类，分布区狭窄。

分布：中国种群数量稀少，见于西藏南部、东南部和云南西部、中部和东南部。国外分布于喜马拉雅山脉、印度东北部、缅甸东部至老挝和越南北部。

西藏樟木/董磊

西藏/张永

西藏山南/李锦昌

1373

滇鸭
Yunnan Nuthatch

保护级别：IUCN：近危　体长：11厘米　居留类型：留鸟

特征描述：体型小的灰色鸭类。整个头至上体及尾上覆羽石板灰色，头具黑色贯眼纹且至耳后渐宽，眉纹细而呈白色，颏、喉白色，下体浅茶黄色。
虹膜黑褐色；喙黑色；脚灰褐色。
生态习性：栖息于中高海拔山地的针叶林和针阔混交林中，多单独或集小群觅食于树干，有时与其他鸭类和小型鸟类混群。
分布：中国鸟类特有种，分布于西藏东南部，云南中部、西部和西北部，四川南部和西南部以及贵州西部。

云南楚雄/肖克坚

云南丽江/张铭

滇䴓特别依赖老松林/云南丽江/张铭

黑头鸭
Chinese Nuthatch

体长：11厘米
居留类型：留鸟

　　特征描述：体型较小的黑灰色鸭类。雄鸟具黑色头顶和细贯眼纹，眉纹粗白色，上体淡灰黑色，颏、喉白色，下体浅茶色。雌鸟似雄鸟，但顶冠灰色。

　　虹膜黑褐色；上喙黑色，下喙基部肉黄色；脚黄褐色或黑褐色。

　　生态习性：栖息于高海拔山地或高纬度的针叶林和针阔混交林中，多成对或集小群活动，与其他小型鸟类混群，习性同其他鸭类，活泼而觅食方式奇特。

　　分布：中国见于甘肃西部、青海、四川北部、宁夏、陕西、山西、河北、北京和辽宁东南部及吉林东部。国外边缘性分布于朝鲜半岛极北部。

在北京，黑头鸭通常见于低地有大片针叶树，尤其是老树的地方。普通鸭则多见于山区/北京/沈越

黑头鸭常将种子藏在树皮缝隙中/北京/张永

四川阿坝/王昌大

宁夏贺兰山/王昌大

白脸鸦

Przevalski's Nuthatch

体长：11厘米　　居留类型：留鸟

特征描述：体型较小的橙色和蓝灰色鸦类。上体蓝灰色，头顶黑色延伸至枕后，脸颊、颏、喉和颈侧白色，两翼偏黑色，胸腹部橘红色。

虹膜黑褐色；喙灰黑色；脚角质褐色。

生态习性：多见单独或成对栖息于中高海拔山地的针叶林和针阔混交林中，非繁殖季集小群活动，常见与其他小型鸟类混群活动于植被顶层，不惧人。

分布：中国鸟类特有种，分布于中西部的青海、甘肃、四川以及西藏。

四川若尔盖/张铭

四川若尔盖/张铭

白脸鸦多活动于海拔较高的高龄侧柏或杉树林/四川甘孜州/王昌大

绒额鸭

Velvet-fronted Nuthatch

体长：12厘米
居留类型：留鸟

特征描述：体型较小的天蓝色鸭类。前额具黑色绒羽，眉纹黑色，细而延伸至枕后变粗，头顶经后枕至上背和尾上覆羽蓝紫色，两翼飞羽黑色，下颊棕灰色，喉部白色，胸至尾下覆羽粉白色。

虹膜黄白色；喙红色而尖端黑色；脚黄褐色。

生态习性：活动于中低山的常绿阔叶林和针阔混交林中，也见于沟谷、村落和城市园林，多单独或集小群活动，有时与其他小型鸟类混群。

分布：中国见于西藏东南部、云南西部和南部、贵州南部和广西西南部，广东和香港的种群可能为逃逸群体。国外分布于印度次大陆、喜马拉雅山脉、东南亚。

云南那邦/沈越

云南那邦/沈越

淡紫鸭

Yellow-billed Nuthatch

保护级别：IUCN：近危
体长：13厘米
居留类型：留鸟

　　特征描述：体型较小的深蓝紫色鸭。体羽同绒额鸭，但上背体羽色更深，喙为明黄色，眉纹粗也更明显。

　　虹膜黄白色；喙明黄色，尖端黑色；脚黄褐色。

　　生态习性：较绒额鸭更偏好于山区森林，常成对或集小群活动，觅食于树干中上层，有时也与其他小型鸟类混群。

　　分布：中国见于海南岛，广西的东兴也有记录。国外分布于缅甸、老挝和越南。

海南/张永

海南/张明

巨鸸
Giant Nuthatch

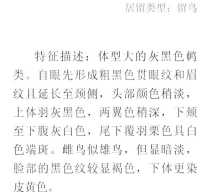

保护级别：IUCN：易危
体长：18厘米
居留类型：留鸟

　　特征描述：体型大的灰黑色鸸类。自眼先形成粗黑色贯眼纹和眉纹且延长至颈侧，头部颜色稍淡，上体羽灰黑色，两翼色稍深，下颊至下腹灰白色，尾下覆羽栗色具白色端斑。雌鸟似雄鸟，但显暗淡，脸部的黑色纹较显褐色，下体更染皮黄色。

　　虹膜黑褐色；上喙灰黑色，下喙基部肉色；脚粉褐色。

　　生态习性：多成对或集小群栖息于中海拔山地的针叶林和针阔混交林中，性活泼且与其他鸸类混群。

　　分布：中国见于四川南部和西南部，云南中部、西北部、西部和南部以及贵州西南部。国外分布于缅甸中东部至泰国西北部。

云南楚雄/肖克坚

云南楚雄/肖克坚

红翅旋壁雀

Wallcreeper

体长：15厘米
居留类型：冬候鸟、留鸟

特征描述：体型稍小的灰红色食虫鸟。喙细长且略为下弯，头至整个身体灰色，颏、喉繁殖季黑色，非繁殖季白色，两翼飞羽黑色，除最外侧初级飞羽外其余飞羽基部及覆羽红色，初级飞羽具两排白色点斑，尾羽黑色具白色端斑且外侧白色。雌鸟似雄鸟，但繁殖期喉部黑色区域较小。

虹膜黑褐色；喙黑色；脚黑色。

生态习性：多单独活动于田坎、峭壁、土崖、河堤和湖滩以及建筑物的墙面，以缝隙中的昆虫为食，张开双翅紧贴于岩壁觅食，行为奇特而不甚惧人，飞行距离短且呈波浪状，飞行时两翼图纹展开。

分布：中国见于新疆西部、青藏高原和喜马拉雅山脉、西南部、中部及华北地区，冬季见于华中、华北、华东和东南以及长江流域。国外分布于南欧经中亚至喜马拉雅山脉、蒙古西部。

北京门头沟/沈越

红翅旋壁雀仅在冬季造访北京郊区的河谷低地，仍活动于多岩壁区域/北京门头沟/沈越

四川成都/董磊

北京/张永

旋木雀
Eurasian Treecreeper

体长：13厘米
居留类型：留鸟

特征描述：体型较小的杂褐色旋木雀。头顶棕黑色，喙细长而下弯，头具深色眼罩，眉纹白色绕过耳后于颈侧相连，上背黑褐色，两翼黑褐色并具白色和棕色翼斑，腰红棕色，尾羽棕色，颏喉、下颊至胸腹和尾下覆羽白色至皮黄色。

虹膜黑褐色；上喙黑色，下喙粉白色；脚黄褐色。

生态习性：栖息于中高海拔山地或高纬度的针叶林、针阔混交林和阔叶林中，常单独活动，觅食行为奇特，沿着树干呈螺旋状攀爬至高处，再飞移至另一棵树中下层后开始向上攀爬，取食于树缝中的昆虫和虫卵，冬季常与其他小型鸟类混群。

分布：中国见于东北、华北、陕西、甘肃、青海以及新疆。国外分布于欧亚大陆和喜马拉雅山脉，东至西伯利亚东部和日本。

新疆/白文胜

旋木雀在北京是多年才得一遇的稀有冬季访客/北京/沈越

四川青川/董磊

新疆阿勒泰/张国强

霍氏旋木雀
Hodgson's Treecreeper

体长：13厘米　居留类型：留鸟

特征描述：体型较小的杂褐色旋木雀。头顶棕黑色而具白色或黄白色纵纹，喙细长而下弯，头具褐色眼罩，眉纹白色绕过耳后与颈侧相连，上背暗栗褐色并具白色斑纹，两翼灰褐色，具白色和棕色翼斑，腰红棕色，尾羽棕色，颏、喉、下颊至胸腹灰白色。似旋木雀但背部栗色较重，两胁和尾下覆羽灰棕色。以前多作为旋木雀*Certhia familiaris*下的亚种处理，现多数观点认为其为独立种。

虹膜黑褐色；上喙黑色，下喙粉白色；脚黄褐色。

生态习性：单独或成对栖息于中高海拔山地的针阔混交林和暗针叶林中，冬季下迁，也见于阔叶林、次生林和人工林中，常与其他小型鸟类混群，行为从容而不惧人。

分布：中国见于西藏南部和东南部，云南西北部，四川西南部、西部和北部，青海南部以及甘肃西部和南部。国外分布于喜马拉雅山脉经印度东北部至缅甸北部。

青海西宁/李锦昌

青海西宁/李锦昌

高山旋木雀
Bar-tailed Treecreeper

体长：14厘米　居留类型：留鸟

特征描述：体型较小的灰褐色旋木雀。整个体羽灰褐色，喙较其他旋木雀显得更细长，白眉纹被深色贯眼纹隔开而未于下颊相连，下颊、喉、胸部白色，腹部灰白色而两胁染灰色，具白色翼斑，尾部灰褐色且密布深褐色横纹。

虹膜黑褐色；上喙角质色，下喙粉褐色；脚棕褐色。

生态习性：单独或成对栖息于中高海拔山地的针阔混交林及针叶林中，冬季下迁至低山和平原的针叶林区，习性似其他旋木雀，常加入"鸟浪"。

分布：中国见于甘肃南部、陕西南部，四川北部、西部和西南部，贵州西部、云南北部和西部及西藏东南部，另有一种群见于新疆西部。国外分布于中亚、南亚北部、喜马拉雅山脉、缅甸。

云南腾冲/沈越

四川成都/董磊

云南/杨华

锈红腹旋木雀
Rusty-flanked Treecreeper

体长：14厘米
居留类型：留鸟

　　特征描述：体型较小的锈红色和褐色旋木雀。上体灰褐色而具深棕色纵纹，眉纹宽且呈皮黄色，腰至尾上覆羽红褐色，下颊、喉至腹部白色，两胁和尾下覆羽锈红色。

　　虹膜褐色；上喙角质色，下喙基部粉褐色；脚肉褐色。

　　生态习性：栖息于中高海拔山地的天然针阔混交林和针叶林中，冬季下迁，习性同其他旋木雀，数量稀少。

　　分布：中国分布于西藏东南部、云南西部和西北部。国外狭窄分布于喜马拉雅山脉，东至缅甸极北部。

所有旋木雀均在树干缝隙和附生物层中觅食/西藏日喀则/李锦昌

西藏/张永

褐喉旋木雀
Brown-throated Treecreeper

体长：14厘米　　居留类型：留鸟

特征描述：体型较小的橄榄褐色旋木雀。上体深棕褐色，额、喉浅褐色，胸腹部深灰褐色，尾羽灰棕色，尾下覆羽皮黄色。虹膜黑褐色；喙角质灰色；脚角质黄色。

生态信息：多见单独活动于中高海拔山地的常绿阔叶林和针阔混交林中，习性同其他旋木雀。

分布：中国仅见于西藏南部。国外分布于喜马拉雅山脉中段。

西藏山南/李锦昌

西藏山南/李锦昌

四川旋木雀
Sichuan Treecreeper

保护级别：IUCN：近危
体长：12厘米
居留类型：留鸟

特征描述：体型较小的褐色旋木雀。体羽似旋木雀而喙较短，仅略为下弯，额和喉白色，胸腹部和两胁灰色而不同于旋木雀的白色。

虹膜黑褐色；上喙黑色，下喙基部粉白色；脚黄褐色。

生态习性：栖息于中高海拔山地的针阔混交林和针叶林中，习性同旋木雀。

分布：中国鸟类特有种，仅分布于四川邛崃山、大相岭和北部岷山以及陕西南部、甘肃南部。

四川都江堰/董磊

四川瓦屋山/戴波

鹩哥
Hill Myna

体长：29厘米
居留类型：留鸟

特征描述：体型较大的辉黑色八哥。雌雄羽色相似，通体黑色而泛蓝紫色光泽，头后部两侧具标志性的大块鲜黄色裸皮和肉垂，初级飞羽基部白色而形成明显块状翼斑。

虹膜黑褐色而具浅色眼圈；喙橘红色而尖端黄色；脚鲜黄色。

生态习性：常成对或集小群栖息于低山或平原的雨林、阔叶林和竹林以及疏林中，也见于村落和园林，活动于林地中上层，社会性强且鸣声婉转动听，也因此成为中国传统笼养鸟而被大肆捕捉，导致部分分布区内已绝迹或极为罕见。

分布：中国见于西藏东南部、云南西部和南部、广西西南部以及海南岛，引入种群见于香港。国外分布于南亚东北部至中南半岛、马来半岛、尼科巴群岛、安达曼群岛，南至大巽他和小巽他群岛。

云南那邦/沈越

西藏山南/李锦昌

八哥
Crested Myna

体长: 26厘米 居留类型: 留鸟

特征描述: 体型稍大的黑色八哥。雌雄羽色相似, 通体黑色而少光泽, 前额具簇状短羽冠, 初级飞羽基部白色而形成明显的块状翼斑, 尾下覆羽具黑白色横纹, 尾羽尖端边缘白色。

虹膜橘红色; 喙牙黄色而基部红色; 脚暗黄色。

生态习性: 常集群栖息于阔叶林、竹林和人工林的林缘灌丛中, 也见于林间空地、农田、公园、苗圃、村落等生境, 性活泼而声喧闹, 不甚惧人。

分布: 中国见于淮河流域及以南地区, 包括台湾岛和海南岛, 北京等地引入种群近年来不断发展。国外分布于中南半岛北部, 引入种群见于菲律宾、婆罗洲和北美。

北京/张永

最初出现在北京野外的八哥无疑来自笼鸟, 现在它们已在北京城、郊区绿地中持续繁衍了多年/北京/沈越

福建福州/张浩

林八哥
Great Myna

体长：25厘米　居留类型：留鸟

特征描述：体型稍大的黑色八哥。雌雄羽色相似，通体黑色，前额具长而蓬松的簇状羽冠，两翼基部白色而形成块状翼斑，尾羽尖端白色，尾下覆羽白色。似八哥但喙偏红色，羽簇明显为长，尾下覆羽纯白色，尾羽白色区域较大。

虹膜暗红色；喙牙黄色至橘黄色；脚暗橘黄色。

生态习性：常集群栖息于开阔草地、田野及农耕地，也见于村落、公园和郊野，声喧闹而性活泼，习性同八哥。

分布：中国见于云南西部、南部和东南部及广西西部，引入种群见于台湾岛。国外分布于南亚东北部至中南半岛。

台湾/吴崇汉

台湾/吴崇汉

云南德宏/王昌大

白领八哥

Collared Myna

体长：24厘米
居留类型：留鸟

　　特征描述：中等体型的灰黑色八哥。雌雄羽色相似，通体灰黑色，前额具极短的羽簇，颈侧至后颈具灰白色或皮黄色块斑，两翼基部白色而形成白色块斑，尾下覆羽具黑白色横斑，尾羽外缘白色。

　　虹膜蓝白色；喙橘黄色；脚暗橘黄色。

　　生态习性：常成对或集小群栖息于低山丘陵和平原的疏林、灌丛及原野，也见于农耕地、村落、沼泽等生境，习性同其他八哥。

　　分布：中国见于云南西北部、西部和南部。国外分布于印度东北部、缅甸北部。

云南盈江/肖克坚

白领八哥通常不结大群活动/云南瑞丽/董磊

家八哥
Common Myna

体长：25厘米
居留类型：留鸟、夏候鸟

近年自由飞翔的家八哥群已越来越多见于云南南部至中部的坝区/新疆/王尧天

　　特征描述： 中等体型的黑褐色八哥。雌雄羽色相似，头至后颈、颈侧、颏、喉及上胸黑色，前额无羽簇，眼后具三角形黄色裸皮，其余体羽紫褐色，两翼飞羽具白色羽缘，尾羽黑色而边缘白色，下腹和尾下覆羽白色。

　　虹膜黄白色；喙牙黄色；脚暗黄色。

　　生态习性： 栖息于中低海拔的丘陵和平原的农田、村落、园林和草地上，常常集群活动，也与其他八哥和椋鸟混群，习性相同于八哥。

　　分布： 中国见于新疆西部，四川西南部和南部，云南西部、中部、南部和东南部，广东、香港和海南岛，引种至台湾岛。国外分布于南亚南部、斯里兰卡，中亚至中南半岛和马来半岛，引种至南非、新西兰和澳大利亚。

西藏聂拉木/王昌大

丝光椋鸟
Red-billed Starling

体长：23厘米
居留类型：留鸟

特征描述：体型略小的灰白色椋鸟。雌雄羽色相异，雄鸟头部银灰色，颊、喉白色且羽毛在颈部成丝状羽，上背和下体体羽浅灰色，两翼以及尾羽黑色而泛墨绿色光泽，初级飞羽基部白色并形成小块白色斑，尾下覆羽白色。雌鸟体羽暗淡而偏褐色，头部为灰褐色且颈部丝状羽不明显。

虹膜黑色；喙红色而尖端黑色；脚橘红色。

生态习性：常成对或集大群分布于有林的开阔地带，觅食于高大乔木上层，冬季集大群活动，也取食于地面，常与其他椋鸟混群，声嘈杂而易发现。

分布：中国见于长江流域及以南地区，包括台湾岛和海南岛，但不见于云南中西部，近几年分布区有向华北扩展的趋势。国外分布于中南半岛东北部和菲律宾。

雄鸟/江西婺源/沈越

雄鸟/江西婺源/林剑声

江苏盐城/孙华金

浙江温州/张国强

灰头椋鸟

Chestnut-tailed Starling

体长：19厘米
居留类型：留鸟

　　特征描述：体型略小的灰白色椋鸟。头、颈、额、喉至胸腹部和尾下覆羽白色，后枕具丝状羽，上背灰色，腰深灰色，两翼灰褐色，尾灰白色而两侧棕褐色，两胁染浅棕色。

　　虹膜蓝白色；喙黄色而下喙基部蓝色；脚黄褐色。

　　生态习性：栖息于中低海拔山地的林缘、开阔地和果园等生境，喜集群，有时与其他椋鸟混群，觅食于植被中上层，以昆虫、植物果实为食。

　　分布：中国见于西藏东南部、四川南部、云南、贵州西南部和广西西南部，引入种群见于香港和台湾岛。国外分布于南亚和中南半岛。

云南盈江/肖克坚

云南盈江/肖克坚

红嘴椋鸟
Vinous-breasted Starling

体长：25厘米
居留类型：留鸟

　　特征描述：中等体型的黑白色椋鸟。头白色，具黑色贯眼纹状裸皮，上体黑褐色，两翼初级飞羽基部白色，腰羽白色，尾黑褐色而末端白色，胸腹浅酒红色，两胁染黑褐色，下腹和尾下覆羽白色。

　　虹膜黄白色；喙红色而基部黑色；脚橙黄色。

　　生态习性：栖息于中低海拔山地的阔叶林林缘、农田、旷野以及开阔河谷，也见于近人居的耕地、村落和园林，习性同其他椋鸟，集群且声喧杂。

　　分布：中国仅见于云南西部的盈江。国外分布于中南半岛。

云南瑞丽/廖晓东

云南/张明

灰椋鸟
White-cheeked Starling

体长：24厘米　居留类型：夏候鸟、冬候鸟、留鸟

特征描述：中等体型的灰褐色椋鸟。雄鸟前额至头顶以及脸颊白色，具黑色絮状羽，额部白色，喉至上胸灰黑色并夹杂白色丝状羽，上体和尾部深灰褐色，尾羽末端和腰羽白色，两翼灰黑色而次级飞羽的外侧羽缘灰白色，下体灰褐色，尾下覆羽白色。雌鸟似雄鸟但上体颜色暗淡，头部灰褐色，前额白色不明显。

虹膜黑褐色；喙红色且尖端黑色；脚橘黄色。

生态习性：常见成对或集大群活动于低山丘陵、平原和旷野，觅食于地面，喜近人居开阔地，也与其他椋鸟混群。

分布：中国繁殖于东北、华北和中北部，迁徙时经中东部，越冬于西南至东部的长江流域及以南地区，包括台湾岛和海南岛。国外分布于东亚至中南半岛极北部和菲律宾。

雄鸟/江西鄱阳湖/曲利明

繁殖期雄鸟颜色较鲜亮/北京/沈越

一些椋鸟常成群在地面走动觅食。如灰椋鸟（上图）、丝光椋鸟、紫翅椋鸟/江西鄱阳湖/曲利明

雄鸟/江西鄱阳湖/曲利明

斑翅椋鸟
Spot-winged Starling

体长：19厘米
居留类型：冬候鸟

　　特征描述：中等体型颜色鲜艳的椋鸟。雌雄羽色相异。雄性头部和面颊部黑色，上体及翅膀灰色夹杂棕色，腰部栗红色，喉部深栗色，上胸部和胁部棕红色，腹部中央和尾下覆羽灰白色，尾羽栗色。雌性上体颜色暗淡，上体灰色，喉部到下体灰白色，喉部具有纵纹，胸部羽毛呈鳞片状。

　　虹膜黄白色；喙黑色；脚深褐色。

　　生态习性：常成对或集小群栖息于海拔700－2000米的山地森林边缘，林间空地，也见于村落和园林。常在林地中上层取食果实和花粉，也食昆虫，常与其他八哥和椋鸟混群。

　　分布：中国仅见于云南极西南部地区，亦可能见于西藏东南部地区等。国外分布于印度次大陆，包括印度、孟加拉国，环喜马拉雅山地区的不丹、锡金、尼泊尔、巴基斯坦，以及斯里兰卡、马尔代夫等地区。

雌鸟/云南瑞丽/王雨妹

雄鸟/云南瑞丽/王雨妹

鸟群/云南瑞丽/王雨妹

云南瑞丽/王雨妹

黑领椋鸟
Black-collared Starling

体长：28厘米　　居留类型：留鸟

特征描述：体型较大的黑白色椋鸟。头白色，眼后具明黄色三角形裸皮，后颈沿颈侧至胸部具宽阔的黑色颈圈，上背黑褐色，两翼黑色，大、中覆羽以及飞羽端部白色而形成多道白色翼斑，尾羽黑褐色而末端白色，下体白色。

虹膜黑褐色；喙角质黑色；脚黄褐色至角质褐色。

生态习性：多见成对或集小群活动于开阔农田、荒地和河流两侧，叫声洪亮而易发现，觅食于地面，有时与其他椋鸟和八哥混群。

分布：中国见于云南西部和南部，广西南部、广东、香港、福建、浙江、江西、江苏以及安徽，近几年也记录见于长江流域的上海、湖南、湖北、重庆和四川，北扩现象较为明显，不见于台湾岛，但近来于海南岛海口多有记录。国外分布于中南半岛和马来半岛。

不同种类的椋鸟也混群活动，如图中的黑领椋鸟和八哥（右一、左四）/福建福州/曲利明

福建福州/曲利明

香港/沈越

江西鹰潭／曲利明

福建永泰／郑建平

斑椋鸟
Asian Pied Starling

体长：23厘米
居留类型：留鸟

　　特征描述：体型略小的鹊色椋鸟。头部白色，头顶至后枕黑色，颈后至前胸具宽阔的黑色胸带，颏、喉黑色且与胸带相连，上背、两翼和尾上覆羽黑色，两翼小覆羽和中覆羽尖端白色，形成明显的白色翼斑，其余下体粉白色。

　　虹膜黄白色，眼周具橘红色裸皮；喙黄色而基部红色；脚橙红色。

　　生态习性：多成对或集小群活动于草地、农田、荒地、园林、空地等开阔地带，觅食于地面，也与其他椋鸟和八哥混群。

　　分布：中国见于西藏东南部，云南西北部、西部和南部。国外分布于南亚北部和东北部、中南半岛和苏门答腊岛、巴厘岛以及爪哇岛。

云南盈江/肖克坚

云南盈江/肖克坚

北椋鸟
Purple-backed Starling

体长：18厘米
居留类型：夏候鸟、旅鸟

　　特征描述：体型较小的紫灰色椋鸟。雄鸟头、颈背、下体至尾下覆羽灰白色，后枕具一紫黑色块斑，上背紫色而具光泽，两翼黑色而泛墨绿色光泽，具两道白色翅斑，腰皮黄色，尾上覆羽紫黑色。雌鸟羽色暗淡，上体偏灰色，两翼缺少光泽。

　　虹膜黑褐色；喙角质黑色；脚角质灰色。

　　生态习性：迁徙季节多集小到大群活动，常见停栖于开阔地的树顶和电线上，习性同其他椋鸟。

　　分布：中国繁殖于东北、华北和中北，迁徙时经西南东部、华中、华东、东南和华南的大部分地区，也见于台湾岛和海南岛。国外分布于东北亚经东亚至东南亚。

雄鸟/江苏盐城/孙华金

辽宁/张明

紫背椋鸟

Chestnut-cheeked Starling

体长：18厘米　　居留类型：旅鸟

　　特征描述：体型较小的紫色和白色椋鸟。雌雄羽色相异，雄鸟头部白色，后颊具大块紫红色斑，上背紫红色，两翼及尾黑色且具粗白色肩斑，胸具灰色胸带，两胁灰色，下腹白色。雌鸟头和上背灰黑色，头部颜色较浅，胸腹灰白色。
　　虹膜黑褐色；喙灰黑色；脚角质黑色。
　　生态习性：常集小群出现于原野、农田、荒地和园林开阔地，有时与其他椋鸟混群，为中国有分布的椋鸟中少有的雌雄羽色差别明显的种类。
　　分布：中国仅迁徙季节可见于江苏、上海、浙江、福建、广东和台湾岛。国外繁殖于东北亚和日本北部岛屿，迁徙经东亚至菲律宾和印度尼西亚越冬。

雄鸟（下）雌鸟（上）/台湾/田穗兴

灰背椋鸟
White-shouldered Starling

香港/李锦昌

体长：18厘米
居留类型：夏候鸟、冬候鸟、留鸟

特征描述：体型较小的灰色椋鸟。雄鸟上体灰色，头部前额和下颊偏白色，脸颊有时染棕色，胸灰色，腰棕白色，下体至尾下覆羽白色，两翼黑色而覆羽和肩羽白色，形成明显白色块斑，尾黑色，外侧尾羽具白色端斑。雌鸟似雄鸟，但灰色更暗淡，两翼白色区域较小。

虹膜蓝白色；喙蓝灰色或黄绿色；脚蓝灰色。

生态习性：栖息于低山和丘陵的林缘和开阔地，非繁殖季见于低海拔山地和平原的园林、田野及村落周边，多集群活动于高大乔木的冠层。

分布：中国繁殖于长江流域及以南地区，北至四川南部、贵州中南部、湖北、湖南、江苏和上海，越冬见于华南、澳门、香港、海南岛和台湾岛。国外分布于菲律宾和加里曼丹岛。

灰背椋鸟也嗜吃各种水果与浆果/香港/李锦昌

粉红椋鸟
Rosy Starling

体长：23厘米
居留类型：夏候鸟、迷鸟

　　特征描述：体型略小而色彩鲜明的椋鸟。雄鸟头颈、两翼、尾及臀部纯黑色，颈部具丝状羽，其余部位粉红色。雌鸟似雄鸟但羽色较淡。

　　虹膜黑色；喙黄色而基部灰黑色；脚粉色。

　　生态习性：多见成群栖息于荒漠、半荒漠以及干旱平原上，也见于园林、林缘空地和荒地上，即使繁殖季节也常集群营巢，声喧闹而嗜食蝗虫，常作为生态治理蝗虫灾害的利器。

　　分布：中国繁殖季见于新疆中部和西部、甘肃以及西藏西北部，迷鸟见于河北、香港、上海、四川、福建和台湾岛。国外分布于欧洲东南部经西亚至中亚，越冬于印度次大陆。

繁殖羽/新疆阿勒泰/张国强

繁殖羽/新疆/郭天成

粉红椋鸟会利用地面的土堆或石堆营群巢/新疆阿勒泰/张国强

庞大的集群/新疆布尔津/杨玉和

紫翅椋鸟
Common Starling

体长：21厘米　　居留类型：夏候鸟、冬候鸟、旅鸟、漂鸟

特征描述：体型略小的紫黑色椋鸟。通体黑色而泛墨紫色或绿色光泽，全身除尾羽和飞羽外，密布星状白色和皮黄色点斑，两翼和尾羽羽缘染棕色。

虹膜黑色；喙繁殖季明黄色，非繁殖季角质黑色；脚黄褐色。

生态习性：常常集小至大群活动于开阔地地表，非繁殖季甚至能聚集成数万甚至数十万只的巨群，飞行能力极强且具有游荡习性。

分布：中国繁殖于新疆西北部，迁徙时经西部和西南部，非繁殖季游荡至除东北以外的几乎全国各地，包括台湾岛和海南岛。国外分布于欧亚大陆的古北界。

非繁殖羽/新疆昭苏/郭天成

巢洞与亲鸟/新疆阿勒泰/张国强

繁殖羽/新疆/吴世普

成鸟前来喂食/新疆阿勒泰/张国强

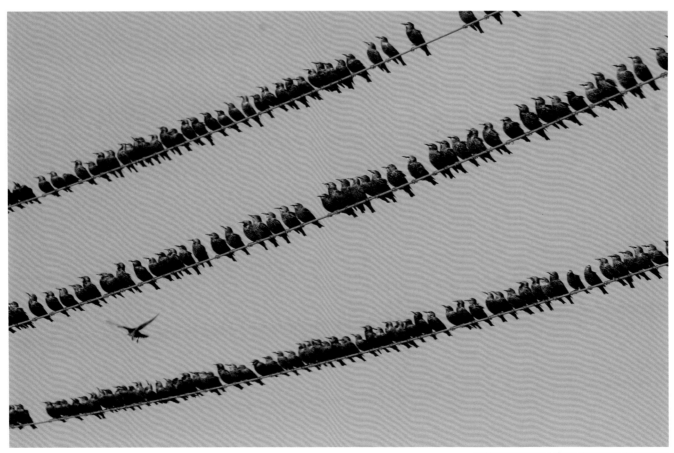

非繁殖季节的庞大集群/新疆阿勒泰/张国强

台湾紫啸鸫
Taiwan Whistling Thrush

体长：28厘米
居留类型：留鸟

　　特征描述：体型较大的蓝紫色鸫类。似紫啸鸫，但更偏蓝色而少黑色，上体不具辉蓝色点斑、胸和上腹具辉蓝色点斑，翼斑不明显。

　　虹膜红褐色；喙黑色；脚黑色。

　　生态习性：单独或成对栖息于中低海拔的山涧和林间溪流，地栖性，觅食于地面，鸣声尖啸如箫，有时悠扬而婉转。

　　分布：中国鸟类特有种，仅分布于台湾岛山区。

台湾/吴崇汉

台湾/吴崇汉

与紫啸鸫一样，台湾紫啸鸫多在潮湿的地面觅食/台湾/陈世明

给雏鸟（右）喂食的亲鸟（左）/台湾/吴崇汉

紫啸鸫
Blue Whistling Thrush

体长：30厘米　居留类型：留鸟、夏候鸟、冬候鸟

特征描述：体型庞大的蓝紫色鸫类。全身体羽蓝紫色而具光泽，眼先和喙基黑色，头、颈、上背、胸和下体具辉蓝色亮斑，非繁殖季偏黑色。具一道翼斑或不具。

虹膜红褐色至黑褐色；喙黑色或黄色；脚黑色。

生态习性：多单独或成对活动于多溪流的山涧、河谷以及小河中，也见于村落、园林和草地上，地栖性，取食于地面，性机警，受惊时常边飞边发出类似口哨的尖啸声，停息时尾羽常散开且上下摆动。

分布：中国见于除青藏高原、新疆大部和内蒙古北部以及东北大部之外的全国其他地区。国外分布于中亚经巴基斯坦、印度北部和喜马拉雅山脉至中南半岛、马来半岛、苏门答腊岛以及爪哇岛。

福建/张浩

紫啸鸫喜居于近水处/广西/杨华

西藏/张明

重庆南川/肖克坚

福建永泰/郑建平

橙头地鸫
Orange-headed Thrush

体长：21厘米
居留类型：留鸟、夏候鸟

　　特征描述：体型略小的橙色和灰色地鸫。头、颈、胸至上腹部橘黄色，脸颊颜色稍浅，具两道褐色纵纹，部分亚种无纵纹，背部青灰色而有深色鳞状斑，具白色肩羽，部分亚种缺失，下腹和尾下覆羽白色，尾青灰色。雌鸟似雄鸟，但颜色较暗淡。

　　虹膜黑褐色；喙角质灰色；脚橘黄色至黄褐色。

　　生态习性：地栖性，多单独或成对活动于低山至中山的常绿阔叶林、混交林、次生林、竹林以及人工疏林中，性怯生而难于靠近。

　　分布：中国见于长江流域及以南地区，近年来分布区有北扩趋势。国外分布于南亚次大陆、喜马拉雅山脉、东南亚。

四川成都/董磊

亲鸟（左雄鸟右雌鸟）和巢中的雏鸟/河南/李全民

白眉地鸫
Siberian Thrush

体长：23厘米
居留类型：夏候鸟、冬候鸟、旅鸟

幼年雄鸟/北京/冯威

特征描述：体型略小的青黑色地鸫。雌雄羽色相异，雄鸟通体青灰黑色，脸颊黑色较深，具宽阔而显著的白色眉纹，两翅具两道不明显翼斑，下腹和尾下覆羽染白色。雌鸟脸具宽阔白色眉纹，上体橄榄褐色，腰部和尾羽青灰色，胸腹白色而具褐色月牙形鳞状斑。

虹膜黑褐色；喙角质灰色；脚褐色。

生态习性：单独或成对栖息于多溪流的阔叶林、针阔混交林和针叶林下，迁徙季节也见集小群出没于田野、林缘、防风林和道边疏林等多种生境，性隐蔽而怯生。

分布：中国繁殖于东北，迁徙时经华北、华东、华中和华南，越冬于华南南部，也见于台湾岛和海南岛。国外繁殖于东亚北部，迁徙时至东南亚。

仅在迁徙期间才能在北京观察到白眉地鸫，它们喜欢潮湿的林下植被，而类似环境在城市绿地中已日益稀缺/成年雄鸟/北京/沈越

光背地鸫
Plain-backed Thrush

体长：26厘米
居留类型：留鸟、夏候鸟

特征描述：体型略大的橄榄褐色地鸫。雌雄羽色相似，头和上体至尾部橄榄褐色，头部具黑色下颊纹和月牙状黑色耳斑，眼先白色，胸至下腹白色，具黑色月牙状鳞状斑。

虹膜黑色，具白色眼圈；喙角质褐色，下喙基部较浅；脚粉色。

生态习性：栖息于高海拔山地的暗针叶林的林缘、灌丛和高山草甸以及裸岩生境，非繁殖季下至低海拔地带甚至平原越冬，怯人且行踪隐秘，常单独活动于林下。

分布：中国见于四川北部、西部和西南部，西藏南部和东南部，云南西北部、西部、中部、南部和东南部，迷鸟至广东北部。国外分布于喜马拉雅山脉至缅甸北部和越南北部。

西藏/张永

幼鸟/云南/魏东

长尾地鸫
Long-tailed Thrush

体长：26厘米　居留类型：留鸟、夏候鸟、旅鸟

特征描述：体型略大的橄榄褐色地鸫。雌雄羽色相似，头至上体及尾部橄榄褐色，脸部污白色并具月牙形耳羽和黑色下颊纹，胸腹密布半圆形点斑，形态与光背地鸫极为相似，但喙明显较短，尾明显较长，两翅具两道明显的皮黄色翼斑，下体的斑点呈半圆形而非月牙形。

虹膜黑褐色，具明显白色眼圈；喙角质褐色；脚粉色。

生态习性：多单独或成对活动于中高海拔山地的暗针叶林、林下竹林和杜鹃灌丛、高山草甸中，地栖性，性安静而隐蔽，迁徙季节也见于低海拔地带甚至平原，惧人而不易接近。

分布：中国见于西藏南部、东南部，云南西部、中部和南部，四川西部、北部和西南部，青海东部、贵州西南部以及广西西部。国外分布于喜马拉雅山脉经印度北部和东北部至中南半岛北部。

云南保山/董磊

云南保山/董磊

在林上安静地站立，发现食物，然后快速走上前啄住，这是包括地鸫在内的许多鸫科鸟类共有的觅食方式/云南保山/董磊

怀氏虎鸫
White's Thrush

体长：30厘米　居留类型：夏候鸟、冬候鸟、旅鸟

特征描述：体型较大并具鳞状斑的褐色地鸫。头及上体具金褐色和黑色的鳞状斑纹，下体白色而具黑色鳞状斑，与虎斑地鸫极其相似，但体型明显为大，且体态显修长。过去曾作为虎斑地鸫 *Zoothera dauma* 的亚种，现多数观点认为其应为独立种。

虹膜黑褐色；喙角质褐色而下喙基部肉色；脚肉色。

生态习性：多见单独或成对栖息于针阔混交林和针叶林中，近溪流和池塘，迁徙季节集小群见于海堤、荒地灌丛、防风林和园林，隐蔽色极好，飞行时扇翅响声较大，觅食于植被底层。

分布：中国繁殖于东北，迁徙经华北、华东、华中和西南至华南包括海南岛和台湾岛越冬。国外繁殖于东亚北部，迁徙经东亚至中南半岛越冬。

江西婺源/曲利明

辽宁盘锦/沈越

怀氏虎鸫有时至非常开阔的草坪觅食/福建福州/张浩

大长嘴地鸫
Long-billed Thrush

体长：28厘米
居留类型：留鸟

西藏聂拉木/王昌大

特征描述： 体型较大而颜色暗淡的地鸫。雌雄羽色相似，上体灰黑色，头部与两翼更偏褐色，颏、喉白色，下颊至胸具黑色斑纹，下体灰白色或白色而具黑色点斑，尾短小，灰黑色。似长嘴地鸫，但体羽偏黑色而非褐色，喙与头的比例显得更长，后颊无明显白色斑，下体斑纹为点状或块状而非鳞状。

虹膜黑褐色；喙角质黑色；脚角质褐色。

生态习性： 性安静而孤僻，常单独活动于多溪流的潮湿林下地表，翻捡腐叶下的无脊椎动物为食。

分布： 中国见于西藏南部和云南西部，为2007年中国新记录的鸟类。国外分布于喜马拉雅山和印度东北部、缅甸西部、北部及越南西北部。

因长时间深翻林下松软的腐叶堆觅食，这只大长嘴地鸫的喙上沾满了黑色的泥土/西藏聂拉木/王昌大

长嘴地鸫
Dark-sided Thrush

体长：24厘米
居留类型：留鸟

　　特征描述：中等体型的深棕褐色地鸫。雌雄羽色相似，头至上体深棕褐色，两翼及尾羽红褐色，头侧白色有斑驳黑色斑纹，具月牙形耳斑，下体白色，因密布粗的黑色鳞状斑而显得白色区域更少。

　　虹膜黑褐色；喙长而略弯，角质黑色；脚角质褐色。

　　生态习性：多单独栖息于常绿阔叶林和季雨林的林下，觅食于近溪流的地面，翻捡腐叶而找寻地表的蠕虫，体色暗淡而不易发现，但于林下活动常造成明显声响，不太惧人。

　　分布：中国见于云南西部、西南部和南部。国外分布于喜马拉雅山脉中段至东段、印度北部和中南半岛。

云南/张明

云南德宏/李锦昌

灰背鸫
Grey-backed Thrush

体长：22厘米　居留类型：夏候鸟、冬候鸟、旅鸟

特征描述：体型较小的灰色鸫。雌雄羽色相异，雄鸟身体大部为灰色，颏、喉色稍白，两胁棕红色，下腹至尾下覆羽白色。雌鸟上体灰黑色，颏喉偏白色，胸部浅皮黄色而具点状黑色纵纹，两胁棕红色。

虹膜黑褐色，具细黄色眼圈；喙鲜黄色；脚肉色至粉褐色。

生态习性：栖息于中低海拔的低山丘陵和平原的常绿阔叶林、针阔混交林中，喜近溪流的灌木丛，觅食于地面，性情孤僻而惧人。

分布：中国繁殖于东北，迁徙时经华北、华东，越冬于华东南部、东南部和华南，包括台湾岛和海南岛。国外繁殖于东亚北部，迁徙至东亚南部，偶见于中南半岛极北部。

雌鸟/江西龙虎山/曲利明

雄鸟/江西龙虎山/曲利明

灰背鸫秋冬季节大量觅食果实/雌鸟/江西龙虎山/曲利明

梯氏鸫
Tickell's Thrush

体长：21厘米　　居留类型：夏候鸟

　　特征描述：体型较小的青灰色鸫类。雌雄羽色相异，雄鸟上体和胸部石板灰色，腹部和尾下覆羽白色。雌鸟似雄鸟但上体灰褐色，胸和两胁浅黑褐色，下颊和上胸具黑色细纵纹。
　　虹膜黑褐色；喙鲜黄色；脚角质黄色。
　　生态习性：多单独活动于常绿阔叶林林缘和林下的灌丛和草地，体小且隐蔽。
　　分布：中国仅见于西藏南部。为2007年的中国新记录的鸟类。国外分布于喜马拉雅山脉，非繁殖季游荡于南亚北部。

雄鸟/西藏樟木/肖克坚

黑胸鸫
Black-breasted Thrush

体长：22厘米　居留类型：留鸟

特征描述：体型较小的橙色和黑色鸫类。雌雄羽色相异，雄鸟头、颈、额、喉及胸黑色，上背、两翼、腰及尾上覆羽深青灰色，两胁和腹部橙红色，下腹和尾下覆羽白色。雌鸟头、颈、上背、两翼及尾上覆羽浅灰色，下颊至颏喉和胸部具点线状纵纹，两胁和腹部橘红色，尾下覆羽和下腹白色。似灰背鸫但上体更偏灰色，胸部为灰黑色。

虹膜黑色，具黄色眼圈；喙鲜黄色；脚橘黄色。

生态习性：常见单独或成对栖息于中低海拔山地的阔叶林和针阔混交林下，也见于村落、绿地、园林和田野边灌木丛，不甚惧人。

分布：中国见于云南大部、贵州西南部和南部以及广西。国外分布于印度东北部以及中南半岛北部。

雄鸟/云南保山/董磊

雄鸟/云南昆明/沈越

雌鸟/云南保山/董磊

乌灰鸫
Japanese Thrush

体长：22厘米
居留类型：夏候鸟、冬候鸟、旅鸟

　　特征描述：体型较小的黑白色鸫类。雌雄羽色相异，雄鸟头、颈、颔、喉及上胸黑色，上背、两翼、腰及尾上覆羽青灰色，两胁具点状黑色斑，下胸、腹和尾下覆羽白色。雌鸟头及上体灰褐色，胸浅灰色而具黑色纵纹斑，两胁染棕红色而具黑色点斑，下腹和尾下覆羽白色。

　　虹膜黑褐色，具不明显的黄色眼圈；喙橘黄色；脚橘黄色。

　　生态习性：多栖息于中低海拔山地的阔叶林、针阔混交林的中层和底层，繁殖季成对活动，非繁殖季集小群活动于林缘、园林、旷野边的疏林中，地栖性，性隐蔽而怯生。

　　分布：中国繁殖于华北和华中，迁徙时经华中、西南东部、华东和东南包括台湾岛，南至华南一带越冬。国外繁殖于日本、俄罗斯东南部，迁徙经东亚大部至中南半岛北部越冬。

雏鸟/河南董寨/沈越

雄鸟/河南董寨/董磊

白颈鸫
White-collared Blackbird

体长：26厘米　居留类型：留鸟

特征描述：体型略大的黑白色鸫类。雌雄羽色相异，雄鸟具白色颈环和上胸，颏、喉白色并具黑色细纵纹，尾下覆羽羽缘白色，其余体羽黑色。雌鸟似雄鸟，但黑色部位为棕褐色，白色部位为浅灰褐色。

虹膜黑褐色，具黄色眼圈；喙鲜黄色而尖端黑色；脚鲜黄色。

生态习性：栖息于高海拔山地的针叶林林缘、杜鹃灌木丛、草甸以及旷野中，多单独或成对活动，地栖性，取食于地面，性怯生。

分布：中国见于西藏南部和东南部以及四川西南部。国外分布于喜马拉雅山脉至缅甸北部。

雄鸟/西藏/张永

雌鸟/西藏/杨华

雄鸟/西藏林芝/董磊

灰翅鸫
Grey-winged Blackbird

体长：28厘米　　居留类型：留鸟

特征描述：体型略大的黑灰色鸫类。雌雄羽色相异，雄鸟通体黑色而两翼银灰色，下腹和尾下覆羽具银灰色羽缘而形成鳞状斑。雌鸟似雄鸟，但黑色体羽为棕褐色，两翼的银灰色则为浅土褐色。

虹膜黑色而具黄色眼圈；喙橘红色；脚黄褐色至角质褐色。

生态习性：多单独或成对栖息于中高海拔山地的针阔混交林、针叶林中，繁殖季雄鸟常立于针叶树顶端鸣唱，非繁殖季也集群下至低海拔地带和平原，有时也与其他鸫类混群，性怯生。

分布：中国见于西藏东南部、云南大部、四川西部和南部、贵州、湖北西部、陕西南部、重庆以及广西西部。国外分布于喜马拉雅山脉、印度东北部及中南半岛北部。

雄鸟/四川绵阳/王昌大

雄鸟/四川绵阳/王昌大

雌鸟/西藏山南/李锦昌

乌鸫
Common Blackbird

体长：28厘米　居留类型：留鸟、冬候鸟、旅鸟

特征描述：体型略大的纯黑色鸫。雌雄羽色相似，雄鸟通体黑色，雌鸟通体黑褐色，颏、喉和上胸具褐色纵纹。有分类观点将喜马拉雅山脉种群、南亚次大陆种群与欧亚大陆其他种群分开而分别作为独立种。

虹膜黑褐色而具黄色眼圈；喙黄色；脚角质褐色。

生态习性：生境多样、分布区最广的鸫类，繁殖季鸣唱婉转多变且善效鸣，有"百舌鸟"之称。

分布：中国分布于西北、华北、青藏高原边缘、西南、华中、东南和华南的广大区域。国外分布于欧亚大陆、北非、印度次大陆、东亚和中南半岛。

幼鸟/江西婺源/曲利明

成鸟/江西婺源/曲利明

雌（右）雄（左）亲鸟在巢边照料雏鸟。在繁殖季节，乌鸫最常喂给雏鸟的食物是蚯蚓。与华东、华南的乌鸫相比，西部的雌乌鸫体色更偏褐色/新疆阿勒泰/张国强

岛鸫
Island Thrush

体长：21厘米　　居留类型：留鸟

特征描述：体型较小的黑白色鸫类。雄鸟头、颈、颏、喉及上胸纯白色，后颈、上背、两翼和尾黑色，胸具黑色胸带，向下逐渐转为褐色至下腹为栗褐色。似白头型黑鹎但不具羽冠，喙较粗钝，白色仅至上胸，尾较短且不分叉。雌鸟似雄鸟但颜色较暗淡，上体偏褐色，头顶黑褐色，脸部和后颊黑褐色，有白色眉纹，下颊和颏喉具黑褐色纵纹。

虹膜黑褐色；喙橘红色；脚黄褐色。

生态习性：分布于中高海拔山区的阔叶林、针阔混交林和针叶林中，喜近溪流的林地，活动于植被中上层，种群数量稀少。

分布：中国仅见于台湾本岛。国外分布于澳大利亚及印度尼西亚、新几内亚、菲律宾、斐济等太平洋岛国。

雄鸟/台湾/吴崇汉

雄鸟/台湾/吴崇汉

雌鸟/台湾/吴崇汉

灰头鸫

Chestnut Thrush

体长：25厘米　居留类型：留鸟、夏候鸟、旅鸟

　　特征描述：中等体型的灰色和栗色鸫类。雄鸟头、颈、喉至上胸深灰色，体羽除两翼和尾羽为黑色外，其余均为深栗色，尾下覆羽和臀部黑色，杂有白色羽干纹。雌鸟似雄鸟但颜色较暗淡，头部灰色较浅且具纹路，体羽栗色较浅，两翼和尾羽偏褐色。

　　虹膜黑褐色，具黄色眼圈；喙鲜黄色；脚角质黄色。

　　生态习性：栖息于中高海拔山地的落叶阔叶林、针阔混交林以及针叶林中，冬季南迁或下至低海拔地区越冬，常见于多灌木和树林下的地表，多单独活动，冬季也成小群，性机警而易受惊。

　　分布：中国见于西藏东南部、青海南部、云南西北部、四川、甘肃、宁夏、陕西、重庆、贵州、河南和湖北西部，迷鸟至山东。国外分布于喜马拉雅山脉以及阿富汗东部、南亚北部、缅甸和泰国北部。

雄鸟/甘肃莲花山/高川

雄鸟/甘肃莲花山/高川

雄鸟/四川理县/董磊

棕背黑头鸫

Kessler's Thrush

体长：27厘米
居留类型：留鸟

特征描述：体型稍大的黑色和栗色鸫。雄鸟头、颈、喉和上胸黑色，下背、腰以及腹部栗色，颈后上背具粉白色条带并延伸至下胸，将上胸的黑色和腹部的栗色隔开，两翼和尾羽黑色，臀羽栗色而具黑色端斑。雌鸟似雄鸟但颜色较暗淡，头为灰色且脸部斑驳而具眉纹，上体颜色较淡，两翼和尾羽偏褐色。似灰头鸫但颜色更鲜明，体型更大。

虹膜黑褐色且具黄色眼圈；喙黄色；脚角质褐色。

生态习性：多栖息于高海拔山地的针叶林、灌丛和草甸中，以动物性食物为主，也食植物浆果。非繁殖季成群下至中海拔的开阔地带越冬。

分布：中国见于西藏东部和东南部，青海、甘肃、四川西部和北部，云南西北部。国外分布于喜马拉雅山脉南部及东南部。

幼鸟/四川雅江/董磊

雄鸟/四川雅江/董磊

褐头鸫
Grey-sided Thrush

保护级别：IUCN：易危　　体长：23厘米　　居留类型：夏候鸟、旅鸟

特征描述：中等体型的纯褐色鸫类。雄鸟具白眉和标志性的白色下眼圈，上体、腰及尾上覆羽棕褐色，具一道翼斑，颏至腹灰白色，两胁灰色，下腹和尾下覆羽白色。雌鸟似雄鸟但颜色显暗淡，眉纹不明显，颏、喉染褐色点斑。

虹膜黑色；上喙角质色，下喙黄色；脚黄褐色。

生态习性：繁殖季多栖息于阴湿的林地和林缘地带，一般单独或成对活动，飞行距离短且急促，甚惧人，常与白眉鸫等混群觅食。

分布：中国繁殖于内蒙古东南部、河北、山西和北京山区，迁徙见于四川。国外越冬于印度东北部、缅甸和泰国北部。

雄鸟/北京/张永

雌鸟/北京/张明

忙于育雏的雌鸟/北京/宋晔

白眉鸫
Eyebrowed Thrush

体长：22厘米　居留类型：夏候鸟、冬候鸟、旅鸟

特征描述：中等体型的灰褐色鸫类。雄鸟头、颈、喉部至上颈灰色，具白色眉纹和下眼圈，眼先深色，上背至尾上覆羽橄榄褐色，上胸和两胁栗褐色，下胸、腹部和尾下覆羽白色。雌鸟头部橄榄褐色显斑驳，喉白色并具白色下颊纹，体羽色也较暗淡。

虹膜黑褐色；上喙角质褐色，下喙橙色；脚橙黄色。

生态习性：栖息于中低海拔山地的阔叶林、次生林和人工林中，也见于果园、苗圃和公园，多栖息于开阔生境，喜浆果类食物。迁徙期间成群活动于树冠层，取食果实或下至地表觅食，声喧闹而不甚惧人。

分布：中国繁殖于东北极北部，迁徙经新疆和西藏以东地区，越冬于华南，包括海南岛和台湾岛。国外分布于西伯利亚和远东地区，迁徙经东亚至东南亚越冬。

雌鸟/北京/沈越

雄鸟/北京/张永

雄鸟/福建福州/白文胜

1437

白腹鸫
Pale Thrush

体长：22厘米　　居留类型：夏候鸟、冬候鸟、旅鸟

　　特征描述：中等体型的纯褐色鸫类。雄鸟头和喉部灰褐色，上体至尾上覆羽深橄榄褐色，胸和两胁染浅棕色，下胸、腹部至尾下覆羽白色，外侧尾羽端部白色。雌鸟似雄鸟但更偏褐色，头部具不明显细皮黄色眉纹，脸颊斑驳，喉白色而具纵纹。
　　虹膜黑色；上喙角质黑色，下喙橙黄色；脚橙黄色。
　　生态习性：繁殖于中低海拔山地的针阔混交林和针叶林中，常见于河谷及溪流两岸的林缘地带，迁徙时见于开阔林地，活动于植被的下层以及地面，常集群迁徙。
　　分布：中国繁殖于黑龙江、吉林和辽宁，迁徙经过华北、华东和华中等地，越冬见于长江中下游地区以及广东、广西、云南、香港、台湾岛和海南岛，迷鸟见于西藏。国外繁殖于东北亚，越冬于日本至东南亚北部。

福建福州/张浩

江西龙虎山/曲利明

越冬期间，白腹鸫常至开阔地带活动/江西龙虎山/曲利明

赤胸鸫

Brown-headed Thrush

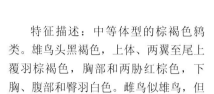

体长：22厘米
居留类型：冬候鸟、旅鸟

特征描述：中等体型的棕褐色鸫类。雄鸟头黑褐色，上体、两翼至尾上覆羽棕褐色，胸部和两胁红棕色，下胸、腹部和臀羽白色。雌鸟似雄鸟，但头部及上背颜色较淡，喉白色而具深色细纹。

虹膜黑色，具黄色眼圈；上喙黑色，下喙黄色；脚橙黄色。

生态习性：多栖息于中低海拔的开阔地带，迁徙季节也见于果园、草地、灌丛、苗圃和园林，多单独活动，觅食于林下地面。

分布：在中国迁徙时见于河北、天津、山东、江苏、上海、浙江，越冬于福建、广东、香港、台湾岛和海南岛。国外繁殖于俄罗斯萨哈林岛、库页岛及日本，至琉球群岛和菲律宾越冬。

雌鸟/福建福州/罗永辉

雌鸟/福建福州/罗永辉

黑颈鸫
Black-throated Thrush

体长：25厘米　　居留类型：夏候鸟、冬候鸟、旅鸟

特征描述：中等体型的黑白色鸫类。上体橄榄灰色，两翼褐色而飞羽黑色，尾羽黑褐色，脸颊染黑色，颏、喉和上胸黑色，下体白色。雌鸟似雄鸟但颜色暗淡，颏、喉白色具黑色细纵纹，上胸白色而具黑色横纹。过去常作为赤颈鸫*Turdus ruficollis*的一亚种，现多认为其为独立种。

虹膜黑褐色；喙黄色；脚黑褐色。

生态习性：多单独或成对栖息于山地针叶林、落叶林和草甸灌丛中，多活动于近水的林缘、村落、公园和林场，冬季下至低海拔地区，地栖性。

分布：中国见于新疆、甘肃、青海、西藏、云南西北部和四川中西部。国外分布于中亚、西伯利亚西部、西亚及南亚北部。

雄鸟/内蒙古阿拉善左旗/王志芳

雌鸟/新疆阿勒泰/张国强

冬季黑颈鸫也偶见于华北地区，常与赤颈鸫、红尾鸫等混群/雄鸟/新疆/张永

赤颈鸫
Red-throated Thrush

体长：25厘米　居留类型：夏候鸟、冬候鸟、旅鸟

特征描述：中等体型的栗色和白色鸫类。雌雄羽色相异，雄鸟上体橄榄灰色，两翼和尾羽色偏深，两侧尾羽栗红色，眉、前颊、颏、喉至上胸深栗红色，下体白色。雌鸟似雄鸟，但颏、喉白色而具黑色细纵纹，头、颈、喉至上胸染少许栗色。

虹膜黑褐色；喙黄色而尖端深色；脚角质褐色。

生态习性：多单独或成对活动于多种林地生境，特别是针叶林、灌丛、林缘以及干燥的林下，冬季也见于低海拔平原，常与其他鸫类混群，性机警而不易接近。

分布：中国见于东北、华北，至西部和西南各省份，迷鸟至华南，包括台湾岛。国外分布于西伯利亚东部、东亚北部经中亚至南亚北部。

雌鸟/新疆阿勒泰/张国强

雄鸟/西藏/张明

雄鸟/北京/沈越

红尾鸫
Naumann's Thrush

体长：24厘米　居留类型：旅鸟、冬候鸟

特征描述：中等体型、密布红白色斑点的鸫类。上体橄榄褐色，眉纹、下颊纹及颏喉白色，两翼和尾羽偏黑色，胸腹部白色而具栗红色菱状斑。
虹膜黑褐色；上喙角质褐色，下喙黄色而尖端深色；脚角质褐色至黄褐色。
生态习性：栖息于多种林地和草地，冬季常与斑鸫等其他鸫类混群。
分布：中国见于东北、华北、华中至华南和东南。国外分布于西伯利亚中部和东部往南地区。

北京/沈越

福建福州/曲利明

红尾鸫是北京冬季常见鸟类之一，栖于各类面积较大的绿地，食浆果和种子/北京/沈越

斑鸫

Dusky Thrush

体长：24厘米
居留类型：旅鸟、冬候鸟

　　特征描述：中等体型并具黑白色斑点的鸫类。上体橄榄褐色，具粗白色眉纹，颏、喉白色，颈侧至上胸具黑色斑点，两翼红褐色而飞羽黑褐色，下体白色，密布黑色鳞状斑，腹白色，尾羽黑褐色。

　　虹膜黑褐色；喙角质褐色；脚角质褐色至粉褐色。

　　生态习性：常单独或集小群活动于针叶林、落叶林的林缘和灌丛、草地等生境，栖息生境多样，冬季也见和其他鸫类混群。

　　分布：在中国迁徙期间见于东北、华北、华中、华东、西南和华南，冬季见于西南和华南，包括台湾岛和海南岛。国外分布于西伯利亚北部，迁徙经东亚，冬季见于中南半岛以及南亚北部，迷鸟至西欧。

与许多繁殖于北方的鸫一样，斑鸫大量进食浆果/四川唐家河国家级自然保护区/黄徐

越冬期间斑鸫也多在地面活动/江西南昌/王揽华

田鸫
Fieldfare

体长：27厘米
居留类型：夏候鸟、冬候鸟、旅鸟

　　特征描述： 体型稍大的灰色和栗色鸫类。头、颈侧至颈背灰色，眉纹白色，颏、喉至上胸浅皮黄色并具黑色纵纹，上背和两翼栗褐色而具白色鳞状斑，腰灰色，尾上覆羽黑色，下腹至尾下覆羽白色，两胁具黑色鳞状斑。

　　虹膜黑色，具细黄色眼圈；喙黄色；脚黄褐色至角质褐色。

　　生态习性： 多单独或集群栖息于落叶林、针叶林和林缘灌丛及田间疏林中，也见于草甸、农田、果园和公园，地栖性。

　　分布： 中国见于新疆西部和青海，迷鸟至甘肃和内蒙古。国外繁殖于北欧、亚洲北部、西伯利亚和中亚，越冬于北非、西亚、南亚北部。

新疆/张明

新疆布尔津/沈越

田鸫常在离彼此很近的地方营巢，数对亲鸟可能一同驱逐入侵的捕食者/新疆/郑建平

新疆阿勒泰/张国强

白眉歌鸫
Redwing

体长：22厘米　　居留类型：旅鸟

　　特征描述：体型略小并具有褐色斑点的歌鸫。上体橄榄褐色，眉纹白色，脸部斑驳，颏、喉至胸和下腹部以及两胁白色，密布有深褐色纵纹，尾下覆羽白色，两胁染锈红色。似红尾鸫但下体具明显纵纹。

　　虹膜黑褐色；上喙角质褐色，下喙黄色而尖端深色；脚灰褐色。

　　生态习性：常单独或集小群活动于落叶林、针叶林和混交林中，地栖性，觅食于地面，习性同其他歌鸫。

　　分布：中国仅见于新疆西北部。国外分布于北欧至西伯利亚北部，越冬于欧洲、北非、西亚、中亚和南亚北部。

新疆喀木斯特/苟军

欧歌鸫
Song Thrush

体长：23厘米
居留类型：夏候鸟

特征描述：中等体型具褐色斑点的歌
鸫。雌雄羽色相似，羽色暗橄榄褐色，上
体橄榄褐色，眉纹浅色且不明显，脸颊斑
驳，下颊纹深色，具两道白色翼斑，胸染
皮黄色，下体白色而具深色纵纹。

虹膜黑色；上喙角质褐色，下喙黄色
而尖端深色；脚黄褐色。

生态习性：栖息于阔叶林、针阔混交
林和针叶林等多种林带，也见于林缘灌
丛、村落、公园和苗圃，地栖性，习性同
其他歌鸫。

分布：中国繁殖于新疆西北部。国外
分布于西欧经西亚北部和中亚至贝加尔湖
区，越冬于南欧、北非和西亚北部。

新疆阿勒泰/徐捷

新疆阿勒泰/沈越

1447

宝兴歌鸫

Chinese Thrush

体长：23厘米
居留类型：留鸟、部分迁徙

　　特征描述：中等体型的褐色歌鸫。上体橄榄褐色，头部斑驳而具月牙状黑色耳羽，下体白色染皮黄色并具黑色点斑，两翅具两道白色翼斑。

　　虹膜黑褐色；上喙角质褐色，下喙黄色而尖端深色；脚角质黄色至粉褐色。

　　生态习性：常单独或成对栖息于针阔混交林、针叶林的林缘灌丛和草地中，冬季下移或游荡至低海拔地区和平原，地栖性，性孤僻而不甚惧人，少与其他鸫类混群。

　　分布：中国鸟类特有种，分布于河北、北京、内蒙古、甘肃、陕西、重庆、湖北、湖南、青海、四川、贵州和云南，冬季游荡至天津、山东、浙江、台湾岛等华东和东南省份。

宝兴歌鸫仅迁徙期间见于华北平原/河北乐亭/沈越

四川成都/董磊

陕西洋县/张代富

槲鸫
Mistle Thrush

体长：28厘米　居留类型：留鸟、部分迁徙

　　特征描述：体型稍大的灰褐色带有斑点的鸫类。雌雄羽色相似，上体灰褐色，头部颜色斑驳，颏、喉至下腹白色，密布黑色点斑，翅上具两道白色翼斑。似欧歌鸫，但体型明显为大，通体色调显灰色，下体斑点排列无章。

　　虹膜黑褐色；喙角质褐色，下喙基部黄色；脚黄褐色。

　　生态习性：常单独或集小群栖息于山地针阔混交林和针叶林中，地栖性，站姿较直，觅食于田野、公园、村落和河谷两旁及林间空地，性机警而易受惊扰。

　　分布：中国仅见于新疆西北部。国外分布于欧洲经西亚、北非、中亚至西伯利亚南部和南亚北部。

新疆阿勒泰/张国强

新疆/张明

新疆/郑建平

幼鸟/新疆/郑建平

新疆阿勒泰/张国强

白喉短翅鸫

Lesser Shortwing

体长：13厘米
居留类型：留鸟、部分迁徙

　　特征描述：体型较小的青蓝色或橄榄褐色鸫类。中国两个亚种差异较大。*nipalensis*亚种的雄鸟头及上体青蓝色，眼先具粗短的白色眉纹，喉和腹部中央白色，胸和两胁染蓝灰色；雌鸟头及上体棕褐色，胸和两胁染褐色且具鳞状斑，下体中央白色。*carolinae*亚种的雄鸟头及上体橄榄褐色，眼先具粗短白色眉纹，喉和下腹中央白色，两胁和胸侧褐色，胸具浅褐色斑驳鳞状斑；雌鸟似雄鸟但颜色更暗淡，有时白色眉纹不明显。

　　虹膜黑色；喙黑褐色；脚角质褐色至粉褐色。

　　生态习性：多见单独或成对栖息于中低海拔山地潮湿阴暗的常绿阔叶林下，尤喜近溪流的沟谷，取食于地面，鸣声清脆悦耳，但性隐蔽怯生而不易发现。

　　分布：中国分布于西藏东南部、云南、四川南部、湖南、福建、广东、广西以及香港。国外分布于喜马拉雅山脉东段、中南半岛、马来半岛、苏门答腊岛、爪哇岛和小巽他群岛。

雌鸟/四川/张铭

雌鸟/四川/张铭

栗背短翅鸫
Gould's Shortwing

体长：13厘米　　居留类型：留鸟

特征描述：体型较小的棕栗色鸫类。雌雄羽色相似，上体棕栗色，前额、脸颊、颏、喉、胸及腹部黑色并具蠕虫状细纹，下胸至腹部具白色三角斑。

虹膜黑褐色；喙黑色；脚角质褐色。

生态习性：多单独活动于高海拔山地近溪流的针叶林、竹林、杜鹃灌丛以及草甸，活动于地面，性隐匿而不易发现。

分布：中国见于西藏南部，四川北部和西南部，云南中西部和东北部以及贵州西北部。国外记录见于喜马拉雅山脉中段、缅甸北部和越南西北部。

西藏林芝/彭建生

蓝短翅鸫
White-browed Shortwing

体长：13厘米　　居留类型：留鸟、冬候鸟、旅鸟

特征描述：体型较小的青蓝色鸫类。雄鸟通体青蓝色，粗白色眉纹仅延至眼后少许，下腹至尾下覆羽灰白色。雌鸟通体灰褐色，眼圈、眼先以及两翼和尾羽红棕色，下体深灰色，尾下覆羽红棕色。台湾亚种通体橄榄褐色，下体颜色较淡。

虹膜黑褐色；喙黑色；脚角质褐色。

生态习性：性隐匿，多栖息于中高山的阔叶林、针阔混交林和针叶林内的灌丛、岩缝和竹林中，常单独活动于林下，取食地上的无脊椎动物和昆虫，非繁殖季下移至低海拔地带或南迁至热带地区越冬。

分布：中国见于长江流域及以南地区，西至西藏东南部，但不见于海南岛，有孤立种群见于台湾岛。国外分布于喜马拉雅山脉至东南亚。

雄鸟/江西武夷山/林剑声　　　　　　　　　　　　　　　　　　　　　　　雌鸟/台湾/吴崇汉

雄鸟/江西武夷山/林剑声

台湾/吴崇汉

蓝短翅鸫通常繁殖于潮湿的原始林下环境/雌鸟/台湾/吴崇汉

欧亚鸲

European Robin

体长：14厘米
居留类型：冬候鸟

　　特征描述：中等体型、体态圆润的红褐色歌鸲。雌雄体色相似，头顶至上背和尾上覆羽橄榄褐色，前额至整个脸颊、颏、喉和胸部橙红色，耳后沿颈侧至胸侧具深灰色竖条带，下腹至尾下覆羽白色。

　　虹膜黑褐色；喙黑色；脚黑色。

　　生态习性：栖息于次生林、人工林、苗圃、花园和城市园林等多种生境，喜阴湿环境，地栖性，单独或成对活动，能极好地适应人工环境。

　　分布：中国非繁殖季见于新疆、青海和北京。国外分布于欧洲大陆至中亚的温带区域，越冬至分布区南部，包括北非、中东和南亚北部。

新疆库尔勒/王尧天

欧亚鸲是北京多年不得一遇的冬季访客。2007-2008年冬季出现在北京大学的这只鸟被众多鸟友留影/北京/沈越

日本歌鸲
Japanese Robin

体长：15厘米 居留类型：冬候鸟、旅鸟

特征描述：中等体型、体态圆润的红棕色歌鸲。雄鸟上体灰褐色，脸颊、前额、颏、喉和胸部橘红色，上胸和下胸之间具细黑色胸环将橘红色和灰色分开，下胸和两胁深灰色并具鳞状纹，腹部至尾下覆羽白色。雌鸟似雄鸟但体色较暗淡，且无黑色胸环，下体有时具鳞状斑，尾羽红棕色。

虹膜黑褐色；喙黑色；脚粉色。

生态习性：栖息于山地阔叶林和针阔混交林中，常单独或成对活动于林下，地栖性，喜多溪流的河谷沿岸灌丛，性隐匿。

分布：中国迁徙季节见于华东和东南，越冬见于长江下游以南沿海，包括海南岛和台湾岛，偶见于北京。国外分布于东亚。

日本歌鸲在北京也是稀有的访客/雄鸟/北京/边秀南

雄鸟/北京/边秀南

日本歌鸲喜林下潮湿的生境/雌鸟/台湾/吴崇汉

1457

蓝喉歌鸲
Bluethroat

体长：14厘米
居留类型：夏候鸟、冬候鸟、旅鸟

  特征描述：中等体型的蓝褐色歌鸲。雄鸟头至上体和腰橄榄褐色，眉纹和下颊纹白色，尾羽黑褐色而两侧基部橙色，喉部至上胸具多变的蓝色、橙色、白色以及黑色环状羽，下胸至尾下覆羽灰白色，两胁染棕色。雌鸟似雄鸟，但喉和胸缺少蓝色和橙色，具黑色髭纹和颈侧鳞状黑色纹，喉至胸为灰白色。
  虹膜黑褐色；喙褐色；脚粉褐色至角质褐色。
  生态习性：栖息于溪流或其他水域附近的阴湿疏林、林缘、沼泽以及荒漠绿洲中，迁徙季节见于阴湿的林下或茂密的苇丛和荒草下层，地栖性，在植被稀少的地区也常下至地面活动，因鸣声委婉悦耳常被作为笼养鸟而遭大肆捕捉，需加强保护。
  分布：中国繁殖于西北和东北地区，迁徙季节见于除青藏高原和沙漠腹地以外的中国各地，越冬于西南和华南地区，包括香港和台湾岛，不见于海南岛。国外繁殖于古北界的温带地区，东至阿拉斯加西部，非繁殖季见于分布区南部，越冬于非洲北部、南亚和东南亚。

雄鸟/新疆/郑建平

雄鸟/新疆/张永

每只雄鸟都有独特的胸前纹样/雄鸟/新疆五家渠/夏咏

雄鸟/新疆/吴世普

红喉歌鸲
Siberian Rubythroat

体长：15厘米　居留类型：夏候鸟、冬候鸟、旅鸟

特征描述：中等体型的褐色歌鸲。雄鸟整体棕褐色，具白色的眉纹和下颊纹，颏喉鲜红色且具黑色边缘，胸部具灰褐色条带，下体灰白色而两胁染褐色。雌鸟似雄鸟，但颜色较暗淡，喉部红色浅或不明显，胸部灰色较淡。

虹膜黑褐色；喙角质黄色或黑褐色；脚黄褐色。

生态习性：多单独或成对栖息于近溪流的疏林、灌丛和芦苇中，性怯人而机警，活动甚为隐蔽，地栖性，觅食于植被中下层，因雄鸟极善鸣唱而遭受极大的捕捉压力。

分布：中国繁殖于东北和中西部地区，迁徙见于东部、中部、东南、西南和华南大部，越冬于西南和华南，包括海南岛和台湾岛。国外繁殖于东北亚，非繁殖季至南亚和东南亚。

雌鸟/辽宁盘锦/张明

雌鸟/新疆阿尔泰/邢睿

雄鸟/北京/张永

迁徙过境时，红喉歌鸲常见于北京城区绿地林下有灌丛的地方/北京/张永

黑胸歌鸲
White-tailed Rubythroat

体长：15厘米
居留类型：留鸟、夏候鸟、冬候鸟、旅鸟

　　特征描述：中等体型的黑褐色歌鸲。雄鸟上体黑褐色，具白色眉纹，部分亚种具白色下颊纹，头部具黑色脸罩，颏喉鲜红色，胸部具黑色胸带，其余下体白色或灰白色，尾羽具白色端斑且两侧基部白色。雌鸟上体棕褐色，具白色眉纹，颏喉白色，脸颊和胸部灰黑色，其余下体白色或灰白色，尾羽特征同雄鸟。
　　虹膜黑色；喙角质褐色；脚角质褐色至粉褐色。
　　生态习性：常见成对或单独活动于中高海拔山地的林缘灌丛、草场、草甸以及杜鹃灌丛中，非繁殖季也见于低海拔的灌丛生境，地栖性，取食于地面，停栖时尾常上翘。
　　分布：中国见于新疆西部，西藏西南部、南部和东部，青海、甘肃、四川西部、云南西北部和西部。国外分布于中亚、喜马拉雅山脉、南亚极东北部、缅甸西北部。

雌鸟/云南/田穗兴

雄鸟/云南/田穗兴

雄鸟/新疆/王尧天

雄鸟/新疆伊犁/邢睿

金胸歌鸲
Firethroat

保护级别：IUCN：近危　体长：15厘米　居留类型：夏候鸟、冬候鸟、旅鸟

特征描述：体型较小的青色和红色歌鸲。雄鸟头顶至整个上体深石青色，尾羽两侧基部白色，整个脸颊黑色且延伸至胸和上腹两侧，后颊和颈侧具白色块斑，额、喉、胸和上腹火红色，下腹及尾下覆羽皮黄色。雌鸟上体橄榄褐色，前额染棕色，下体浅棕色，腹部中央白色，尾羽褐色而两侧基部棕色，尾下覆羽皮黄色。

虹膜黑色；喙黑色；脚角质褐色。

生态习性：常单独或成对活动于中高海拔山地的竹林、杜鹃丛、矮树和灌丛中，取食于地面，繁殖季鸣声高亢悦耳。

分布：中国见于陕西南部、四川、重庆、云南西北部和西藏东南部。国外冬季偶见于印度和缅甸东北部。

雄鸟/四川/张铭

雄鸟/四川/张铭

雄鸟/四川/张永

栗腹歌鸲
Indian Blue Robin

体长：14厘米　居留类型：夏候鸟、冬候鸟、旅鸟

特征描述：体型较小的青色和栗色歌鸲。雄鸟头部和上体深青蓝色，脸颊偏黑色，具宽阔而长的白色眉纹，颏、喉、胸至腹部橘红色，下腹中央白色，尾下覆羽白色。雌鸟上体橄榄褐色，喉部偏白色，下体浅黄棕色，腹部中央偏白色。

虹膜黑色；喙角质黑色；脚粉色。

生态习性：单独或成对栖息于中高海拔山地的竹林和杜鹃丛中，迁徙时也见于平原，停栖时尾上下翘动，取食于地面，性机警而难于接近。

分布：中国见于西藏南部、云南、贵州西北部、四川、甘肃东南部、陕西南部以及重庆。国外分布于喜马拉雅山脉至印度西北部、缅甸西部和北部。

雄鸟/四川/张铭

雄鸟/四川/张永

四川盆地内的一些相对少人干扰的绿地是多种歌鸲迁徙中歇脚的庇护所，不同种类的歌鸲也许只有在这种地方才有机会见到彼此/雄鸟/四川/张铭

1465

蓝歌鸲
Siberian Blue Robin

体长：13厘米　居留类型：夏候鸟、冬候鸟、旅鸟

特征描述：体型稍小的蓝白色歌鸲。雄鸟头部至整个上体深青蓝色，过眼纹至下颊以及颈侧和胸侧黑色，两翼偏黑色，尾上覆羽黑色，颏、喉至整个下体白色。雌鸟上体橄榄褐色，喉、胸和两胁具皮黄色鳞状纹，腰和尾上覆羽有时染蓝色。

虹膜黑褐色；喙黑色；脚粉色。

生态习性：栖息于沟谷和溪流两侧的阔叶林、针叶林和针阔混交林下，多单独活动于林下灌丛中，性隐匿，觅食于地面，行走似小老鼠。

分布：中国繁殖于东北，迁徙季节见于中部以东地区，包括西南地区和台湾岛，越冬于华南。国外分布于东北亚至印度次大陆、东南亚。

肩羽泛蓝表明此鸟可能是年轻的雄鸟，雌鸟外形与此很类似/北京/沈越　　　　　　　　　　　　　　　　　　　　　雄鸟/北京/张永

迁徙季节蓝歌鸲常见于北京面积较大的城市绿地，也见于迁徙路线上的其他类似环境。在北京郊区中高海拔林区就有蓝歌鸲繁殖/雄鸟/北京/宋晔

雄鸟/北京/沈越

北京/张永

红尾歌鸲
Rufous-tailed Robin

体长：13厘米　居留类型：夏候鸟、冬候鸟、旅鸟

　　特征描述：体型稍小的红褐色歌鸲。雄鸟上体棕褐色，眉纹白色或白色不明显，两翼、腰和尾羽红棕色，脸颊斑驳，颈侧至两胁灰棕色，胸具鳞状斑，下体白色。雌鸟似雄鸟但色更显暗淡，下体鳞状纹较少。
　　虹膜黑褐色；喙黑色；脚角质褐色。
　　生态习性：主要栖息于山区阔叶林、针阔混交林和针叶林中，偏好于疏林、林缘及灌丛生境，多单独活动，觅食于植被中下层，跳动时尾不停地上下颤动。
　　分布：中国繁殖于东北，迁徙时经华中以东大部地区，越冬于云南、广西、广东、香港和海南岛。国外分布于东北亚至中南半岛北部。

香港/李锦昌

香港/李锦昌

香港/陈昌杰

1468

香港/陈昌杰

香港/陈昌杰

新疆歌鸲
Common Nightingale

体长：17厘米　　居留类型：夏候鸟

特征描述：体型较大的棕褐色歌鸲。雌雄羽色相似，整个上体棕褐色，眉纹白色或白色不明显，腰和尾羽偏红棕色，脸颊显斑驳，下体灰白色，颈侧和两胁皮黄色，尾明显较其他歌鸲长。

虹膜黑褐色；喙黑褐色；脚粉褐色。

生态习性：栖息于落叶阔叶林、针阔混交林等生境，常见单独活动于疏林、林缘、灌丛、果园、苗圃和公园，叫声婉转多变，繁殖季甚至夜晚也鸣唱，因此有"夜莺"的美誉。

分布：中国仅见于新疆西部和北部。国外分布于南欧、北非、西亚、中亚和南亚西北部。

卧巢孵化的亲鸟/新疆阿勒泰/张国强

巢和卵/新疆阿勒泰/张国强

繁殖季节忙忙于搜集昆虫的成鸟。地面的流水迫使许多浅土层中的昆虫逃出，为这只鸟提供了机会/新疆奎屯/赵勃

新疆布尔津/沈越

新疆/吴世普

白眉林鸲
White-browed Bush Robin

体长：14厘米　居留类型：留鸟、旅鸟

特征描述：体型较小的青蓝色林鸲。雄鸟上体青蓝色，脸部颜色较深，眉纹白色而细长，有时具白色下颊纹，尾黑褐色，两翼褐色，颏、喉至胸腹部橙色，腹部中央染白色。雌鸟上体橄榄褐色，下体色显暗淡。

虹膜黑色；喙黑色；脚粉褐色至黑褐色。

生态习性：繁殖季节见于中高海拔地区的针阔混交林、暗针叶林的林下灌丛、杜鹃丛和竹林中，常单独或成对活动，取食于地面，不惧人但甚为安静，非繁殖季下至低海拔地带和平原。

分布：中国见于西南地区和台湾岛。国外分布于喜马拉雅山脉。

雌鸟/四川唐家河国家级自然保护区/黄徐

雄鸟/西藏/张永

台湾的白眉林鸲颇不同于大陆的亲族/雄鸟/台湾/吴廖富美

棕腹林鸲

Rufous-breasted Bush Robin

体长：13厘米
居留类型：留鸟

雌鸟/西藏山南/李锦昌

特征描述：体型较小的橙色和蓝色林鸲。雌雄羽色相异，雄鸟上体深蓝色，具辉蓝色眉纹和肩斑，颏、喉、胸、上腹及两胁橙棕色，下腹至尾下覆羽白色。雌鸟上体橄榄褐色，颏、喉至腹部棕黄色，下腹中央及尾下覆羽白色，具不明显暗色眉纹，尾蓝色。

虹膜黑色；喙黑色；脚角质黑色。

生态习性：多单独活动于中高海拔山区的常绿阔叶林、针阔混交林、针叶林、高山灌丛以及草甸中，觅食于林下，常在地表跳跃前进，停栖于林缘和突兀岩石等开阔处，不惧人。

分布：中国见于西藏东南部和云南西北部。国外分布于喜马拉雅山脉中段和东段、印度东北部、缅甸北部。

雄鸟/西藏山南/李锦昌

台湾林鸲
Collared Bush Robin

体长：12厘米　　居留类型：留鸟

特征描述：体型较小的黑色和红色林鸲。头、上背及尾上覆羽烟黑色，头具明显的长白色眉纹和栗红色颈圈，把前胸黑色的喉和灰色的胸腹隔开，自肩部栗红色颈环分出一道沿肩部至后背的栗色条纹，尾下覆羽白色。雌鸟头部和上体橄榄灰色，具细白色眉纹，两翼和尾黑褐色，下体皮黄色，喉胸之间的浅橙色横带有时不明显。

虹膜黑褐色；喙灰黑色；脚黑褐色。

生态习性：多单独或成对栖息于中高海拔山地的森林中，地栖性，觅食于林下灌丛和林缘路边。

分布：中国鸟类特有种，仅分布于台湾岛山区。

雌鸟/台湾/吴崇汉　　　　　　　　　　　　　　　　　　　　　　　　　雌鸟/台湾/陈世明

雄鸟/台湾/吴崇汉

台湾/陈世明

台湾/吴崇汉

红胁蓝尾鸲
Orange-flanked Bluetail

体长：14厘米
居留类型：夏候鸟、冬候鸟、旅鸟

　　特征描述：体型略小的天蓝色林鸲。雄鸟头、上体、尾和尾上覆羽天蓝色，头具细白色眉纹，颏至尾下覆羽白色，胸部和两胁染灰色，两胁橘红色。雌鸟头和上体浅橄榄褐色，眉纹不明显或呈隐约细长灰白色，喉白色，翅膀同上体颜色且无翼斑，胸及两侧灰褐色，两胁橙黄色，腹灰白色，腰部和尾蓝色。

　　虹膜黑色；喙黑色；脚黑色。

　　生态习性：多单独或成对见于山地针叶林及针阔混交林中，多见于阴湿的林下，地栖性，隐匿而不甚惧人，觅食于植被中下层，有时与其他小型鸟类混群。

　　分布：中国繁殖于东北，迁徙经过华北、华中和西南，越冬于西南和华南，包括台湾岛和海南岛。国外分布于东北亚至中南半岛。

雌鸟/福建福州/曲利明

雄鸟/江西南昌/王揽华

雄鸟/四川绵阳/董磊

雌鸟/福建永泰/郑建平

蓝眉林鸲
Himalayan Bluetail

体长：14厘米　　居留类型：夏候鸟、冬候鸟、旅鸟

　　特征描述：体型略小的深蓝色林鸲。雄鸟头部至上背深蓝色，眉纹亮蓝色，喉纯白色，胸腹白色带灰色，与喉部对比明显，两胁橙黄色，翅膀不沾褐色而尖端黑色，无翼斑，小覆羽、腰部和尾亮蓝色，尾端色深。雌鸟头和上体橄榄褐色，眉纹不明显或隐约细长呈灰白色，眼圈浅色，喉部纯白色，两胁橙黄色，翅膀同上体颜色且无翼斑，胸及两侧褐色，腹灰白色，腰部和尾亮蓝色。与红胁蓝尾鸲雌鸟不易区分，但本种整体褐色更深，胸部的褐色胸带对比不明显，腰部的蓝色更亮。曾被作为红胁蓝尾鸲 *Tarsiger cyanurus* 下的亚种，鉴于其形态和迁徙习性与红胁蓝尾鸲有显著不同，现多数观点认为其为独立种。

　　虹膜黑色；喙黑色；脚深色。

　　生态习性：繁殖海拔可至4400米山地的针叶林、针阔叶混交林和灌丛地带，迁徙季节和冬季见于中低山和平原地带的次生林、疏林、林缘、灌丛中，在中国西南部为夏候鸟和迁徙旅鸟，在喜马拉雅山脉以南地区为垂直迁移的留鸟，主要以昆虫为食。

　　分布：中国繁殖于陕西南部、甘肃南部、青海东部和南部、四川北部和西部，迁徙季节经过四川中西部和西南部、贵州西部和云南，越冬于云南中部和南部，留鸟见于西藏南部和东南部。国外分布于喜马拉雅山脉和中南半岛北部。

雄鸟/甘肃莲花山/沈越

雌鸟/西藏/张永

雄鸟/四川成都/董磊

金色林鸲
Golden Bush Robin

体长：13厘米　　居留类型：留鸟、夏候鸟、旅鸟、冬候鸟

特征描述：体型较小的金黄色林鸲。雄鸟具黑色脸罩和金黄色眉纹，下颊至胸腹金黄色，上背橄榄黄色，两翼黑褐色具橙色羽缘，腰金黄色，尾羽黑色而外侧基部橙黄色。雌鸟似雄鸟但色显暗淡，上体橄榄绿色，眉纹有时不明显，下体黄色较淡。

虹膜黑褐色；上喙角质色，下喙浅色；脚角质黄色。

生态习性：栖息于中高海拔山地的针阔混交林、针叶林、竹丛、灌木和杜鹃灌丛中，常单独或成对活动，不甚怯人，取食于地面和植被中下层，非繁殖季节见于平原和低海拔地区。

分布：中国繁殖于西藏南部和东南部、四川西部、青海、甘肃南部、陕西南部、湖北西部和云南西北部，迁徙经过西南省份，非繁殖季见于云南南部和西部。国外分布于喜马拉雅山脉和中南半岛北部。

雌鸟/四川青川/董磊

雌鸟/四川瓦屋山/郑建平

雄鸟/西藏/张永

棕薮鸲
Rufous-tailed Scrub Robin

体长：18厘米　居留类型：夏候鸟

　　特征描述：中等体型的棕红色薮鸲。雌雄羽色相似，具细而白色的眉纹和黑色下颊纹，头及上体沙褐色，下体浅沙白色，尾羽棕红色，中央尾羽具黑色端斑，两侧尾羽具白色端斑和黑色次端斑。

　　虹膜黑褐色；喙角质褐色；脚粉褐色。

　　生态习性：多单独或成对栖息于戈壁、荒滩、沙漠边缘以及荒漠、半荒漠地带，活动于低矮灌丛和矮树中，觅食于灌丛和地面上，停栖时尾常直立上翘并扇开，飞行时也常扇开尾羽。

　　分布：中国见于新疆乌鲁木齐附近狭窄的地区。国外分布于欧洲西南部、非洲北部和东北部、西亚、中东、中亚以及印度西北部。

新疆/王尧天

新疆乌鲁木齐/邢睿

新疆乌鲁木齐/邢睿

鹊鸲
Oriental Magpie Robin

体长：20厘米　居留类型：留鸟

特征描述：中等体型的黑白色鸲类。雄鸟头、颈、上体和前胸黑色，两翅黑色而内侧次级飞羽、中覆羽和小覆羽白色并形成白色条状翼斑，下胸至腹和尾下覆羽白色，尾羽中央黑色而外侧白色。雌鸟似雄鸟，但头至颈和前胸灰色。

虹膜红褐色；喙黑色；脚灰黑色。

生态习性：多单独或成对栖息于中低海拔山地的林缘、疏林、竹林、灌丛生境，也见于次生林、人工林、苗圃、果园、村落、城市公园，对人工环境具有极强的适应性，性活泼而不惧人，停栖时尾常上翘，鸣声婉转而悦耳。

分布：中国见于长江流域及以南区域，包括海南岛，台湾岛有引入种群。国外分布于印度次大陆至东南亚。

雌鸟/福建永泰/郑建平

雄鸟/江西南矶山/林剑声

雄鸟/福建武夷山/曲利明

白腰鹊鸲
White-rumped Shama

体长：25厘米
居留类型：留鸟

　　特征描述：体型略大的黑色和棕色鹊鸲。雄鸟头、颈、整个上体及上胸黑色而具金属光泽，腰白色，尾呈楔形，尾上覆羽黑色且外侧尾羽具白色端斑，下胸至腹部和尾下覆羽橘红色。雌鸟似雄鸟，但黑色部分为灰黑色，尾仍为黑色，腹部橘红色偏淡。

　　虹膜黑褐色；喙黑色；脚粉褐色。

　　生态习性：主要栖息于南亚热带和热带中低海拔山地的森林、竹林、灌丛及林缘地带，多单独活动，性隐匿，怯生而善鸣唱。

　　分布：中国见于西藏东南部、云南西南部和南部以及海南岛。国外分布于印度至东南亚。

雌鸟/海南/陈久桐

雄鸟/海南/陈久桐

雄鸟/云南/张明

雌鸟/云南西双版纳/沈越

雌鸟/云南西双版纳/肖克坚

贺兰山红尾鸲

Ala Shan Redstart

保护级别：IUCN：近危
体长：16厘米
居留类型：留鸟、冬候鸟

　　特征描述：中等体型的灰红色红尾鸲。
雄鸟具蓝灰色头罩并延伸至上背，下背、腰
至尾上覆羽棕红色，中央尾羽棕黑色，颏、
喉至胸腹棕红色，腹部染白色，两翼黑褐色
并具大块白色翼斑。雌鸟上体棕褐色，腰和
尾上覆羽棕色，下体沙褐色，腹部染白色。
　　虹膜黑褐色；喙黑色；脚角质褐色。
　　生态习性：栖息于高原和高山草甸、灌
丛和流石滩，也见于林间空地，常单独或成
对活动，觅食于植被中下层。
　　分布：中国鸟类特有种，分布于宁夏、
甘肃、青海，非繁殖季也见于陕西、山西、
河南、河北和北京。

雄鸟/内蒙古贺兰山/王志芳

雌鸟/内蒙古贺兰山/王志芳

雄鸟/内蒙古贺兰山/王志芳

刚离巢的贺兰山红尾鸲幼鸟均缀满点斑，类似情形也见于鹟和鸫/雏鸟/甘肃天柱/王英永

红背红尾鸲

Eversmann's Redstart

体长：16厘米
居留类型：夏候鸟

　　特征描述：中等体型的红色红尾鸲。雌雄体色相异，雄鸟头具灰色顶冠和黑色眼罩，颏、喉、胸、上背及腰羽栗红色，两翼黑褐色，小覆羽大部分白色而形成三角形白色斑，其余部位的中覆羽、大覆羽以及初级覆羽中部白色，形成宽阔的长条形翼斑，尾羽栗红色，中央尾羽黑褐色，最外侧尾羽端部褐色。雌鸟通体暗褐色，具白色或皮黄色眼圈，翅上具两道白色或染栗色翼斑，下腹灰褐色，腰羽和尾下覆羽染棕色。

　　虹膜黑色；喙角质黑色；脚角质黑色。

　　生态习性：栖息于荒漠和半干旱的疏林、灌丛和沟谷森林中，非繁殖季见于低海拔林地，常见于多岩石和灌木的生境。

　　分布：中国见于新疆西部、北部、中部和东部。国外分布于中亚和西伯利亚南部山区，越冬于中亚南部和南亚西北部。

雌鸟/新疆乌鲁木齐/王昌大

雄鸟/新疆乌鲁木齐/王昌大

1486

雄鸟/新疆/吴世普

雌鸟/新疆阿勒泰/张国强

蓝头红尾鸲
Blue-capped Redstart

体长：14厘米　　居留类型：冬候鸟、留鸟

特征描述：体型略小的蓝黑色红尾鸲。雌雄羽色相异，雄鸟具蓝色顶冠且延至后枕，头、额、喉、胸、上体包括尾上覆羽黑色，两翼大覆羽、内侧中覆羽和初级飞羽白色，形成宽阔的长条形翼斑，腹部和尾下覆羽白色，胸腹界限明显。雌鸟通体灰褐色，腹部染白色，具皮黄色眼圈，翅具两道翼斑，尾下覆羽白色，似其他红尾鸲雌鸟，但尾羽黑色仅两侧栗红色。
虹膜黑色；喙灰黑色；脚角质黑色。
生态习性：多单独栖息于中高海拔多岩的山地森林的边缘地带，也见于针叶林林缘的林下灌丛，觅食于植被中下层。
分布：中国见于新疆西部和中部，冬季也见于西藏南部和西南部。国外分布于中亚和南亚北部。

雌鸟/新疆乌鲁木齐/王昌大

雄鸟/新疆/张永

雄鸟/新疆乌鲁木齐/王昌大

赭红尾鸲
Black Redstart

体长：15厘米　　居留类型：冬候鸟、留鸟

特征描述：中等体型的黑红色红尾鸲。雌雄体羽相异，雄鸟因亚种不同而上体羽色变化较大，脸、额、喉及胸部黑色，头顶、颈背和上体灰色至黑色，部分亚种前额染白色，腹部橘红色，下腹浅白色，尾下覆羽浅棕色，尾羽栗红色，中央尾羽褐色。雌鸟头及上体黑褐色，具白色或皮黄色眼圈，有时具一道不明显翼斑，下体浅灰褐色并染棕色，尾羽栗红色而中央褐色，腰部染棕色。

虹膜黑色；喙角质黑色；脚角质黑色。

生态习性：多见单独活动于各种山地的开阔地域，常见立于突兀灌木枝的尖端，停栖时常颤尾，也见于农田、园林、苗圃和田间灌丛。

分布：中国分布于新疆、西藏、青海、甘肃、内蒙古、宁夏、山西、河南、陕西、四川、重庆、贵州以及云南，迷鸟至河北、山东、海南岛、香港和台湾岛。国外分布于古北界的温带区域，越冬至东北非、阿拉伯半岛、南亚和中南半岛极北部。

雄鸟/内蒙古阿拉善左旗/王志芳

雌鸟/内蒙古阿拉善左旗/王志芳

雄鸟/新疆/马鸣

色泽较浅的雄鸟与欧亚红尾鸲颇难区分/雄鸟/新疆/吴世普

欧亚红尾鸲
Common Redstart

体长：16厘米　　居留类型：夏候鸟

　　特征描述：体型略大、灰色和栗色的红尾鸲。雄鸟前额和眉纹白色，头顶、后枕至上背灰黑色，脸和颏、喉黑色，胸腹部橘红色，下腹橙色较浅，尾下覆羽白色或黄白色，腰羽和尾羽栗红色，中央尾羽黑褐色，似赭红尾鸲雄鸟，但喉部黑色不下延至胸部。雌鸟通体棕褐色，下体浅灰褐色，尾羽栗红色而中央尾羽黑褐色，尾下覆羽白色。
　　虹膜黑色；喙角质黑色；脚黑色。
　　生态习性：为分布范围最广的红尾鸲，栖息生境多样，多见于落叶阔叶林、针阔混交林中，也见于次生林、人工林、次生灌丛、苗圃、荒地和果园。
　　分布：中国仅见于新疆西北部。国外分布于欧洲经西亚、中亚至西伯利亚南部，越冬至阿拉伯半岛和东北非。

雌鸟/新疆阿勒泰/沈越

雄鸟/新疆阿勒泰/沈越

雄鸟/新疆阿勒泰/张国强

新疆阿勒泰/张国强

雄鸟/新疆阿勒泰/张国强

白喉红尾鸲
White-throated Redstart

体长：15厘米
居留类型：留鸟

　　特征描述：中等体型、黑红色的红尾鸲。雌雄羽色相异，雄鸟顶冠至后枕青蓝色，脸、颈侧、上背和两翼黑色，翼内侧覆羽和内侧初级飞羽具宽阔的长条形白色翼斑，下背栗红色，颏黑色，喉部和胸之间具白色三角形斑，胸腹鲜橙红色，下腹至尾羽黑色，仅基部染栗色。雌鸟头和上体黑褐色，喉显白色，下体灰色而下腹白色，两翼和尾羽特征同雄鸟而与其他红尾鸲雌鸟相区别。

　　虹膜黑色；喙角质黑色；脚角质黑色。

　　生态习性：喜高海拔山地的针叶林林缘和草甸灌丛，多单独活动于林间的开阔地带，非繁殖季下至低海拔地带，性活泼而不惧人。

　　分布：中国见于西藏南部、青海东南部、甘肃南部、陕西南部、重庆、四川西部和北部、云南西北部和贵州西北部。国外分布于喜马拉雅山脉。

雌鸟/甘肃莲花山/高川

雄鸟/甘肃莲花山/高川

雌鸟/四川若尔盖/董磊

雄鸟/四川理县/董磊

雄鸟/甘肃/张永

北红尾鸲
Daurian Redstart

体长：15厘米
居留类型：夏候鸟、冬候鸟、留鸟、旅鸟

　　特征描述：中等体型的黑褐色和栗色红尾鸲。雌雄体色相异，雄鸟顶冠和后枕银灰色，脸、额、喉及上胸黑色，上背和两翼黑褐色，次级飞羽和三级飞羽基部白色而形成明显的白色三角形翼斑，下背、下胸、腹部至尾下覆羽橘红色，尾羽栗红色而中央尾羽黑褐色。雌鸟头部和上体棕褐色，下体浅棕褐色，较其他红尾鸲雌鸟上体和下体颜色对比不明显，翼斑和尾羽特征同雄鸟。

　　虹膜黑色；喙角质黑色；脚灰黑色。

　　生态习性：栖息于山地的森林、河谷及林缘地带，也见于近人居的疏林、灌丛、公园、苗圃和荒地，不怕人，停栖时尾常上下颤动且伴随着点头，习性同其他红尾鸲。

　　分布：中国繁殖于东北、华北、华中和西南的山区，迁徙经东北、华北、华中、华东至长江流域以南地区越冬，包括台湾岛和海南岛。国外繁殖于东北亚和喜马拉雅山脉东部，至中南半岛北部越冬。

北红尾鸲雌鸟翅上也有较大白色斑明显不同于多数红尾鸲的雌鸟/雌鸟/北京沙河/沈越

北红尾鸲雄鸟头部的灰白色区域的深浅程度因个体而异/雄鸟/福建福州/曲利明

雌鸟/福建福州/郑建平

北红尾鸲的繁殖区远不限于北方，南至云南亦有繁殖群体/雄鸟/江苏盐城/孙华金

红腹红尾鸲
White-winged Redstart

体长：18厘米
居留类型：冬候鸟、留鸟

　　特征描述：体型较大而体色鲜明的红尾鸲。雌雄羽色相异，雄鸟头顶至后枕白色，头、胸、上体和两翼黑色，初级飞羽和次级飞羽外侧基部白色而形成大块而显著的白色翼斑，下胸、腹、尾下覆羽和尾羽栗红色。似白顶溪鸲但翼斑明显，尾羽端部无黑色，下体橘红色而非鲜红色。雌鸟上体黑褐色，腰、尾羽和尾下覆羽栗色，脸、胸侧和胸腹染红色，下体浅灰色，似其他红尾鸲雌鸟但体型明显较大，尾羽栗色染棕色。

　　虹膜黑色；喙角质黑色；脚角质黑色。

　　生态习性：多单独或成对活动于高山草甸和高原的灌丛、草场、河谷和流石滩以及裸岩地带，是高海拔红尾鸲的典型代表，耐寒而不惧人，觅食于地面，停栖时尾常不停颤动。

　　分布：中国分布于新疆、甘肃、青海、陕西、西藏西南部、四川西北部，冬季至云南西北部、四川西南部、内蒙古、宁夏、山西、北京和河北。国外分布于东南欧、西亚和中亚以及南亚西北部。

雄鸟/四川康定/董磊

雄鸟/青海隆宝自然保护区/张铭

雄鸟/四川康定/董磊

雌鸟/四川康定/董磊

蓝额红尾鸲
Blue-fronted Redstart

体长：15厘米　居留类型：夏候鸟、冬候鸟、留鸟

　　特征描述：中等体型的蓝色和红色红尾鸲。雌雄体羽相异，雄鸟前额和眉纹前部辉蓝色，头、颏、喉、胸及上背深蓝色，两翼褐色而具翼斑，腰、下胸、腹部及尾下覆羽栗红色，尾羽栗红色，中央尾羽和尾羽末端黑褐色而形成倒"T"字形斑。雌鸟头部和上体黑褐色，具明显皮黄色眼圈，胸腹部浅灰褐色，下腹部浅黄色，两胁染栗色，尾羽特征同雄鸟而区别于其他红尾鸲。
　　虹膜黑色；喙角质黑色；脚角质黑色。
　　生态习性：常见于高海拔的山区，高可至林线附近，见于原始林，但在人类居住地周围也不难见，多数为留鸟，非繁殖季下至低海拔地带或平原，部分迁徙至南方越冬，喜开阔的疏林和灌丛，不惧人，停栖和飞行时常伴随连串的"te-te"声。
　　分布：中国见于青海、宁夏、甘肃、陕西、河南、湖北、湖南、重庆、四川、贵州、广西、云南和西藏。国外分布于喜马拉雅山脉和缅甸北部。

雄鸟/四川成都/董磊

雌鸟/云南腾冲/沈越

蓝额红尾鸲越冬期间也常见于云南的公园乃至小区绿地中/雄鸟/云南腾冲/沈越

新疆/白文胜

幼鸟/新疆/白文胜

黑喉红尾鸲

Hodgson's Redstart

体长：15厘米
居留类型：冬候鸟、留鸟

　　特征描述：中等体型、灰色和栗色的红尾鸲。雌雄羽色相异，雄鸟头顶至上背浅灰色，脸、额、喉和胸部黑色，翅黑褐色且具狭窄的三角形翼斑，腰羽、尾羽、腹部和尾下覆羽橘红色，下腹染白色，中央尾羽黑褐色。雌鸟上体黑褐色，眼先有时浅色，下体浅灰色，具一道翼斑，尾羽特征同雄鸟，似赭红尾鸲雌鸟，但通体色调更偏灰色，下体呈灰色而少棕色。

　　虹膜黑色；喙角质黑色；脚角质黑色。

　　生态习性：多栖息于中高海拔山地的林缘、疏林、沟谷、灌丛和草甸中，非繁殖季也见于开阔的郊野、灌丛、果园、城市园林和农田边的灌丛，多单独活动，停栖时尾常上下颤动。

　　分布：中国见于西藏南部和东南部、青海东部、甘肃南部、陕西南部、四川西部、云南西北部，冬季至湖北西部、湖南西部、河南南部、重庆、湖南、四川和云南东部，迷鸟至香港。国外分布于喜马拉雅山脉、缅甸极北部。

雌鸟/四川若尔盖/董磊

雄鸟/四川若尔盖/董磊

白腹短翅鸲
White-bellied Redstart

体长：18厘米
居留类型：留鸟

特征描述：体型略大的深蓝色鸲类。雌雄羽色相异，雄鸟通体暗灰蓝色，两翼飞羽较短，小覆羽具白色端斑而形成两块明显的白色小点斑，腹部至尾下覆羽纯白色，胸腹界限明显，尾偏深色、较长且呈楔形，两侧尾羽基部橘红色。雌鸟色暗淡，上体暗棕褐色，两翼和尾羽更偏棕色，眼圈不明显，额、喉偏白色，胸至整个下体浅灰褐色，下腹至尾下覆羽偏白色。尾羽较其他鸲类比例较长，飞羽较短。

虹膜黑褐色；喙角质褐色；脚粉色至肉褐色。

生态习性：多见单独栖息于中高海拔山地的针阔混交林和针叶林下，也见于林线及以上的高山草甸、灌丛和杜鹃丛中，性隐蔽而不易发现，但在繁殖地常能听到其鸣声，停栖时站姿明显较平，尾常上翘并扇开。

分布：中国见于西藏南部、云南、四川、湖北西部、陕西和宁夏南部、青海东部、甘肃西南部、重庆、贵州北部、山西、河北和北京。国外分布于喜马拉雅山脉以及中南半岛北部。

幼年雄鸟/北京/张永

雄鸟/四川天全/董磊

红尾水鸲

Plumbeous Water Redstart

体长：14厘米　居留类型：留鸟

特征描述：体型略小的铅色水鸲。雌雄羽色相异，雄鸟通体深青蓝色，尾下覆羽、腰和尾羽栗红色。雌鸟头部和上体灰褐色，前额染棕色，腰和尾基白色，颏、喉灰白色，胸腹白色而具深灰色鳞状斑，尾下覆羽白色。

虹膜黑色；喙角质黑色；脚黑色。

生态习性：多单独或成对栖息于山区和平原的溪流、水沟和小河边，也见于池塘、水库和湖泊的周边，常沿溪流上下翻飞，鸣声单调但清脆响亮，停栖时常把尾扇开且上下摆动。

分布：中国分布于西藏南部、西南、华中、华东、华南和东南，北至青海、华北，南至海南岛，也见于台湾岛。国外分布于喜马拉雅山脉和中南半岛北部。

雌鸟/陕西洋县/沈越

雄鸟/福建永泰/郑建平

雄鸟/福建武夷山/曲利明

红尾水鸲给杜鹃幼鸟喂食/四川唐家河国家级自然保护区/邓建新

刚出巢的幼鸟（右）向雄性亲鸟（左）乞食/福建福州/张浩

白顶溪鸲
White-capped Water Redstart

体长：19厘米　　居留类型：夏候鸟、冬候鸟、留鸟

特征描述：体型较大的黑红色的溪鸲。雌雄羽色相似，头、背、两翼、颏、喉和胸部黑色，头顶至后枕白色，尾基和尾上覆羽红色且端部黑色，下胸、腹部及尾下覆羽红色。

虹膜黑色；喙角质黑色；脚灰黑色。

生态习性：多见单独栖息于多溪流和小河的山区，非繁殖季部分迁徙至低纬度或者平原越冬，停栖时两翼下垂，尾常上翘，鸣声纤细而富有穿透力。

分布：中国见于西藏南部、新疆极西部、青海、甘肃、宁夏和华北、华东、华南、西南，不见于台湾岛和海南岛。国外分布于喜马拉雅山脉、印度东北部和中南半岛极北部。

西藏/张永

西藏/张明

白顶溪鸲在北京仅见于西南一隅的山区溪谷/北京/冯威

白尾蓝地鸲

White-tailed Robin

体长：18厘米
居留类型：夏候鸟、冬候鸟、留鸟

　　特征描述：体型较大的深蓝色地鸲。雌雄羽色相异，雄鸟通体钴蓝色，脸和下体蓝黑色，前额和肩羽辉蓝色，尾羽黑色，尾羽外侧基部白色。雌鸟通体棕褐色，喉部和下体颜色较淡，具皮黄色眼圈，尾部外侧基部白色。
　　虹膜黑褐色；喙角质褐色；脚粉褐色至角质褐色。
　　生态习性：栖息于中高海拔山地的常绿阔叶森林中，尤喜阴湿、近溪流的沟谷两旁，觅食于林下和地面，性隐蔽且惧人，停栖时尾常扇开，鸣声清脆悦耳。
　　分布：中国见于西藏南部、甘肃东南部、陕西南部、湖北西部、重庆、四川、贵州、云南、广东、广西、海南岛和台湾岛。国外分布于喜马拉雅山脉、中南半岛以及马来半岛。

雌鸟/台湾/吴敏彦

雄鸟/台湾/吴崇汉

雄鸟/台湾/吴崇汉

雌鸟/台湾/吴敏彦

蓝大翅鸲
Grandala

体长: 20厘米
居留类型: 留鸟

　　特征描述: 中等体型的炫蓝色鸟类。雄鸟通体蓝紫色,眼先黑色,两翼和尾上覆羽黑色。雌鸟通体灰黑色,头部及胸腹部密布灰白色细纵纹,两翼具小块白色翼斑,腰羽蓝绿色。
　　虹膜黑褐色;喙黑色;脚黑色。
　　生态习性: 主要栖息于高山和亚高山的林缘、草甸、灌丛和流石滩,非繁殖季雌雄常一起集成上百甚至近千只的大群,游荡至中海拔开阔林地,色彩艳丽而群体飞行壮观。
　　分布: 中国见于西藏南部和东南部、云南西北部,四川西部、西南部和北部、青海南部和甘肃西部。国外分布于喜马拉雅山脉。

雌鸟/西藏派镇/肖克坚

雄鸟/西藏派镇/肖克坚

西藏/张永

新疆/白文胜

小燕尾
Little Forktail

体长：12厘米　居留类型：留鸟

特征描述：体型较小的短尾燕尾。额具大块白色斑，头、胸、上背和两翼黑色，两翼次级飞羽基部和大覆羽前端白色而形成宽阔的白色翼斑，次级飞羽羽缘染白色，腰和尾上覆羽白色，尾短，尖端略为分叉，中央尾羽黑色。雌鸟羽色较暗淡，翼斑白色边缘模糊。

虹膜黑褐色；喙黑色；脚粉色。

生态习性：栖息于山间溪流、河谷、瀑布地带，多单独或成对活动，性活泼而不甚惧人，尾常扇开并上下摆动。

分布：中国见于西藏东南部、甘肃南部、陕西南部、上海一线以南的西南、华中、华南和东南地区，包括台湾岛，但不见于海南岛。国外分布于中亚经喜马拉雅山脉至中南半岛极北部。

福建武夷山/林剑声　　　　　　　　　　　　　　　　　　　　　　台湾/吴崇汉

江西婺源/沈越

福建武夷山/林剑声

福建武夷山/曲利明

黑背燕尾
Black-backed Forktail

体长：22厘米
居留类型：留鸟

特征描述：体型略小的黑白色燕尾。前额白色，沿眼上半部圈成白色眶，头黑色，上背和两翼黑色，具白色翼斑，初级飞羽基部白色而形成小块白色斑，腰白色，尾黑白色相间，长且分叉，似灰背燕尾但背部颜色显著不同。

虹膜黑褐色；喙黑色；脚粉色。

生态习性：栖息于中海拔山地的溪流、河畔及沟渠间，常单独或成对活动。

分布：中国仅见于云南西部和西南部。国外分布于喜马拉雅山脉经缅甸至泰国北部。

云南瑞丽/董磊

云南/张明

灰背燕尾
Slaty-backed Forktail

体长：22厘米
居留类型：留鸟

特征描述：体型略小的灰白色燕尾。头顶至背石板灰色，前额具宽阔白带且沿眼上方包围至眼后，下颊、颏、喉黑色，两翼黑色具宽阔白色翼斑，初级飞羽基部白色而形成白色小斑，腰及尾下覆羽白色，胸至下腹白色，尾黑色但尖端白色，长而分叉。

虹膜黑色；喙黑色；脚粉色。

生态习性：栖息于中低海拔山地、丘陵和平原地带的溪流、河谷和沟渠间，多单独或成对活动于浅水的乱石间，停息于卵石上，尾常上下摆动。

分布：中国分布于西藏东南部、四川、贵州、湖南、云南、广西、广东、香港和福建以及海南岛。国外分布于喜马拉雅山脉和中南半岛、马来半岛。

福建武夷山/曲利明

福建福州/沈越

白冠燕尾
White-crowned Forktail

体长：26厘米　居留类型：留鸟

特征描述：体型稍大的黑白色燕尾。前额至头顶具大的三角形白色斑，头、颈、背、颏至下胸均为黑色，两翼黑色具白色翼斑，腰白色，下腹至尾下覆羽白色，尾中央尾羽最短，从内至外依次延长，显得长而分叉，尾上覆羽黑色并具白色端斑。

虹膜黑色；喙黑色；脚粉色。

生态习性：栖息于中低海拔山地的清澈溪流、河流、沟渠中，多单独或成对觅食于浅水区域，飞行时紧贴水面且呈波浪状，叫声尖利，领域性强，常主动攻击其他伴水栖性鸟类。

分布：中国分布于长江流域及以南地区包括海南岛，但未见于台湾岛。国外分布于印度东北部、东南亚。

成鸟/河南董寨/沈越

离巢不久的幼鸟/河南董寨/沈越

斑背燕尾
Spotted Forktail

体长：25厘米
居留类型：留鸟

特征描述：体型稍大的黑白色燕尾。体羽似白冠燕尾，但上背密布椭圆形白色小斑点，特别在颈后更为密集。

虹膜黑褐色；喙黑色；脚粉色。

生态习性：栖息于中高海拔山地的林间溪流和水渠中，多成对活动，较其他燕尾更偏好于森林，有时也与小燕尾等同域分布，飞行姿态优雅。

分布：中国见于西藏西部和南部、云南、四川中部、重庆东部、湖北西部、贵州、湖南、广东、广西、江西、浙江和福建。国外分布于喜马拉雅山脉至中南半岛极北部。

福建武夷山/林剑声

四川天全/董磊

白喉石䳍
White-throated Bushchat

保护级别：IUCN：易危　　体长：15厘米　　居留类型：旅鸟

　　特征描述：体型较小的黑白色和橙色石䳍。雄鸟具黑色头罩，后颈中央和上背褐色，具黑色鳞状纹，两翼具大块白色翼斑，腰白色，尾羽黑色，颏喉、颈侧、胸腹至尾下覆羽纯白色，胸和上腹染橙色，似黑喉石䳍但颏、喉为白色，颈侧具宽阔的白色半领环。雌鸟似雄鸟，但头部为灰褐色，具皮黄色翼斑，颏、喉黄白色，下体皮黄色而染橙色，似黑喉石䳍雌鸟但上体偏灰色，飞羽基部具白色斑。

　　虹膜黑色；喙黑色；脚黑色。

　　生态习性：常活动于高山草甸、草场、灌丛、矮树等生境，多见单独活动，喜多岩沼泽，种群数量稀少，直到2011年中国才出现第一次记录。

　　分布：中国见于青海东部和南部、内蒙古西南部以及四川西北部。国外繁殖于中亚哈萨克斯坦、蒙古西部和俄罗斯，越冬见于印度北部和尼泊尔。

雄鸟/青海隆宝自然保护区/张铭

雄鸟/青海隆宝自然保护区/张铭

雄鸟/青海隆宝自然保护区/张铭

黑喉石䳭
Siberian Stonechat

特征描述: 体型较小的黑白色石䳭。雄鸟头部及两翼黑色且具白色羽缘, 头顶沿枕至上背黑色而具棕色羽缘, 颈侧具白色斑, 胸及两胁橙红色, 腹及尾下覆羽白色, 腰白色染棕色, 尾羽黑褐色。雌鸟头至上体棕褐色而具深色纵纹, 下体皮黄色, 两翼黑褐色并具白色翼斑, 腰浅皮黄色, 尾羽黑褐色。

虹膜黑褐色; 喙黑色; 脚黑色。

生态习性: 栖息于低山、丘陵、原野、灌丛及湖岸间, 分布于低海拔地带至高山草甸的多种生境, 常单独或成对活动于林缘、灌丛和疏林, 行动敏捷, 甚活泼。

分布: 中国繁殖于东北、新疆西北部、四川西部、甘肃、青海、陕西、贵州西南部、云南、西藏西部和南部, 越冬于长江中下游及以南地区, 包括台湾岛和海南岛。国外广泛分布于东欧、东北非、西亚、中亚、南亚北部至喜马拉雅山地区。

处于繁殖羽转变中间阶段的雄鸟/江西龙虎山/曲利明

雌鸟/江西南昌/王揽华

刚出巢的幼鸟/新疆阿勒泰/张国强

雄鸟/云南盈江/肖克坚

1517

白斑黑石䳭

Pied Bushchat

体长：14厘米　　居留类型：留鸟

　　特征描述：体型较小的黑白色鸟类。雄鸟通体黑色，两翼具白色翼斑，腰部和尾下覆羽白色。雌鸟通体灰褐色而具深色纵纹，腰和尾下覆羽红棕色，尾羽黑褐色。

　　虹膜黑色；喙黑色；脚黑色。

　　生态习性：栖息于山地、丘陵、平原、田野附近的灌丛、草丛、林缘和河谷间，多见单独或成对停栖于开阔生境，尾常上下摆动，捕食于植被下层，行动敏捷且不怯人。

　　分布：中国见于西藏东南部、四川南部及云南。国外分布于中亚经南亚至东南亚和新几内亚岛。

雌鸟/云南保山/王昌大

雄鸟/云南/杨华

雄鸟/云南保山/王昌大

雄鸟/云南盈江/肖克坚

灰林䳭
Grey Bushchat

体长：14厘米　　居留类型：留鸟、部分迁徙

　　特征描述：体型较小的灰色鸟类。雌雄羽色相异，雄鸟上背青灰色具黑色纵纹，脸罩、两翼和尾黑色，具细长白色眉纹和白色翼斑，额、喉及下体白色，胸具灰色胸带。雌鸟上体棕褐色，具白色或皮黄色眉纹，脸罩、两翼和尾棕色较深，腰羽棕红色，额、喉白色，胸至下腹浅皮黄色染白色。
　　虹膜黑褐色；喙角质黑色；脚角质褐色。
　　生态习性：多单独或成对栖息于常绿阔叶林、针阔混交林、针叶林的林下灌丛和竹林中，冬季下至低海拔林地，也见于防风林、村落、公园、荒地等生境，多站立于树枝上，性活泼而不甚惧人，食虫性。
　　分布：中国见于长江流域及以南地区，迁徙季节见于台湾岛，尚未记录见于海南岛。国外分布于喜马拉雅山脉至中南半岛北部。

雄鸟/云南腾冲/沈越

雌鸟/福建闽侯/高川

雄鸟/四川唐家河国家级自然保护区/黄徐

雄鸟/福建永泰/郑建平

雌鸟/云南/杨华

沙䳭

Isabelline Wheatear

体长：16厘米　居留类型：留鸟、夏候鸟

特征描述：体型略大的沙褐色鸟类。雌雄羽色相似，全身沙褐色，具细白色眉纹，有两道翼斑但颜色较浅，两翼飞羽和尾上覆羽黑色，两侧尾羽基部白色，喉至上胸及颈侧浅黄褐色，下体至尾下覆羽白色。

虹膜黑褐色，具白色眼圈；喙角质褐色；脚角质黑色。

生态习性：单独或成对栖息于干旱草地、沙漠边缘、戈壁和半荒漠的灌丛及岩石堆间，地栖性，一般不做长距离飞行，站姿较直。

分布：中国见于新疆、甘肃和陕西北部、青海以及内蒙古。国外分布于欧洲东南部、非洲中北部经中东、中亚至南亚、西伯利亚南部、蒙古。

新疆/郑建平

青海茶卡/高川

尚可看出一些标志性的鳞斑/幼鸟/内蒙古达里诺尔/沈越

1522

新疆阿勒泰/张国强

新疆/吴世普

穗鹏

Northern Wheatear

体长：15厘米
居留类型：夏候鸟

　　特征描述：体型略大的灰色鹏。雌雄羽色相异，雄鸟上体浅灰色，具白色眉纹和黑色脸罩，两翼和尾上覆羽黑色，外侧尾羽基部白色，颏、喉至下体及尾下覆羽白色，喉和上胸染皮黄色。雌鸟似雄鸟但颜色暗淡，上体颜色偏沙褐色，脸罩褐色或不明显。

　　虹膜黑褐色；喙角质褐色；脚角质褐色。

　　生态习性：栖息于开阔有稀疏灌木的原野、草甸、荒漠和草场上，地栖性，站姿较直，停栖时常不停弹尾。

　　分布：中国见于新疆、内蒙古和山西。国外分布于古北界和北美东北部。

雄鸟/新疆/郑建平

雌鸟/内蒙古达理诺尔/沈越

雌鸟（左）雄鸟（右）/新疆阿勒泰/张国强

幼鸟（左）向雄性亲鸟（右）乞食/新疆阿勒泰/张国强

白顶䳭
Pied Wheatear

体长：15厘米　居留类型：夏候鸟

特征描述：体型略大的黑白色䳭。雌雄羽色相异，雄鸟脸颊、颈侧、颏、喉、背、两翼及尾上覆羽黑色，头顶经后枕至颈背白色，腰羽，两侧尾羽基部及胸以下白色。雌鸟上体土褐色，具不明显的白色眉纹，两翼和尾部颜色较深，腰白色，颏、喉至胸皮黄色，下体白色染浅黄色，尾下覆羽白色。

虹膜黑褐色，具皮黄色眼圈；喙黑色；脚角质黑色。

生态习性：单独或成对出现在农田、荒地、村落、荒山、沟谷和荒漠间，多见于低矮灌木和岩石生境，以昆虫为食，地栖性，在地面奔跑且不时翘尾。

分布：中国分布于黑龙江、辽宁、北京、河北、河南、陕西、山西、内蒙古、宁夏、青海、甘肃以及四川北部。国外分布于欧洲南部经东欧、北非、阿拉伯半岛、西亚、中亚至南亚北部和东亚中部。

雌鸟/新疆/张明

雄鸟/新疆乌鲁木齐/沈越

雄鸟/新疆/张明

雌鸟/新疆/张永

漠鵖
Desert Wheatear

体长：15厘米　　居留类型：留鸟、夏候鸟

　　特征描述：体型略大的黄褐色鵖类。雌雄羽色相异，雄鸟上体沙黄褐色，眉纹白色，脸罩和颏、喉黑色，胸至下体和尾下覆羽白色，胸部染黄褐色，两翼黑色。雌鸟似沙鵖，但眉纹不明显，站姿较平，两翼颜色较深，下体多染皮黄色。
　　虹膜黑色；喙黑色；脚角质黑色。
　　生态习性：单独或成对栖息于多沙砾的荒漠、戈壁和平原上，也见于苗圃、疏林和田野中，地栖性，不甚惧人，主要以昆虫为食。
　　分布：中国见于新疆、西藏西部和北部、陕西和甘肃北部、青海东部、内蒙古、宁夏和四川中西部。国外分布于非洲东北部、阿拉伯半岛、中东、西亚、中亚至南亚北部。

雌鸟/内蒙古阿拉善左旗/王志芳

雄鸟/新疆阿勒泰/张国强

雄鸟/新疆/郑建平

新疆/白文胜

雌鸟/新疆阿勒泰/张国强

白背矶鸫
Rufous-tailed Rock Thrush

体长：19厘米
居留类型：夏候鸟

　　特征描述：体型略小的灰蓝色和栗色矶
鸫。雌雄羽色相异，雄鸟头、颈、上背、颏
和喉辉蓝色，上背染白色，两翼黑色，腰羽
和下体栗红色而具鳞状斑，尾羽栗褐色。雌
鸟似雄鸟但颜色较暗淡为棕褐色，两颊斑
驳，下体栗色较淡甚至不显。
　　虹膜黑褐色；喙角质黑色；脚角质黑色。
　　生态习性：栖息于草甸、裸岩、灌丛以及
流石滩上，也见于村落、果园、苗圃和农田
中，常单独或成对活动。
　　分布：中国见于新疆、青海、宁夏、甘
肃、内蒙古、北京以及河北北部，迷鸟见于
江苏。国外分布于欧洲南部、北非经西亚、
中亚至西伯利亚南部。

雄鸟/新疆哈密/沈越

白背矶鸫与蓝矶鸫常栖于多岩的开阔原野/雌鸟/新疆阿勒泰/张国强

雌鸟/新疆/张永

雄鸟/新疆阿勒泰/张国强

蓝矶鸫
Blue Rock Thrush

体长：22厘米　居留类型：留鸟、夏候鸟、冬候鸟、旅鸟

特征描述：体型略大的青蓝色矶鸫。雌雄羽色相异，雄鸟通体青蓝色而具鳞状斑，眼周颜色较深，两翼和尾部黑色；亚种 *philippensis* 下胸至下腹和尾下覆羽栗红色。雌鸟通体灰褐色而具鳞状斑，下体浅灰褐色。

虹膜黑褐色；喙黑色；脚角质黑色。

生态习性：多单独或成对栖息于沟谷、山林、灌丛和石滩间，也见于村落、屋舍和废旧建筑等生境，体态优雅而行动敏捷。

分布：中国见于陕西、甘肃、四川、贵州、云南、湖北、湖南、江苏、浙江、福建、广东、香港、广西、海南岛，西至西藏南部和新疆西部，偶见于台湾岛。国外广布于欧亚大陆和非洲东北部，东至东南亚。

雄鸟/台湾/林黄金莲

雏鸟/内蒙古达里诺尔/沈越

雄鸟/海南/陈久桐

雄鸟/云南瑞丽/沈越

雌鸟/新疆/郑建平

栗腹矶鸫
Chestnut-bellied Rock Thrush

体长：23厘米　居留类型：留鸟

特征描述：体型略大的深蓝色和枣红色矶鸫。雌雄羽色相异，雄鸟头部具黑色脸罩，上体包括尾湖蓝色，两翼飞羽黑色，颏、喉蓝色，下体深枣红色。雌鸟通体黑褐色，头具白色下颊纹和月牙状白色耳斑，颏、喉显白色，上背具深色鳞状斑，下体浅色具黑色鳞状斑，眼圈白色或浅皮黄色。

虹膜黑色；喙黑色；脚深色。

生态习性：常见单独或成对出现于中海拔山地的常绿阔叶林、次生林及林缘，也见于公园、苗圃和果园、村落等有林地带，越冬于低海拔地带和平原。

分布：中国见于西藏东南部和南部及四川、云南、重庆、湖北、湖南、贵州、广西、广东、海南岛等省市。国外分布于喜马拉雅山脉至中南半岛北部。

雌鸟/云南/郭天成

西藏/张永

雌鸟/福建福州/曲利明

雄鸟/福建福州/白文胜

云南/张明

白喉矶鸫
White-throated Rock Thrush

体长：18厘米
居留类型：夏候鸟、冬候鸟、旅鸟

　　特征描述：体型较小的天蓝色和栗红色矶鸫。雌雄羽色相异，雄鸟顶冠天蓝色，后颊黑褐色，其余颊部、颈侧至胸和下腹部栗红色，颏、喉白色，上背黑褐色具鳞状斑，两翼黑色具白色翼斑和天蓝色肩羽，腰栗红色，尾羽黑褐色。雌鸟全身灰褐色，密布黑色鳞状斑，眼先、下颊纹、颏、喉和胸腹中央白色，两道翼斑明显。

　　虹膜黑褐色，具皮黄色眼圈；喙角质黑色；脚粉褐色。

　　生态习性：常见单独或成对栖息于低山或平原的阔叶林、针阔混交林以及针叶林中，也见于人工林和次生林中，迁徙季节还常出现于海防林、大堤、农田和村落，活动于植被中下层，行动隐匿而不甚惧人。

　　分布：中国繁殖于东北，迁徙经华东和华中的大部分省份，越冬于东南及华南沿海地区，包括海南岛，迷鸟见于台湾岛。国外繁殖于东亚北部，迁徙至中南半岛越冬。

雌鸟/河北/张永

雄鸟/北京/冯威

迁徙过境期间，白喉矶鸫不罕见于迁徙路线上的城市绿地，除饮水外白喉矶鸫甚少下至地面/雄鸟/北京/沈越

雌鸟/广东广州/廖晓东

白喉林鹟

Brown-chested Jungle Flycatcher

体长：15厘米
居留类型：夏候鸟、旅鸟

　　特征描述：中等体型的橄榄褐色林鹟。雌雄羽色相似，上体橄榄褐色，颏、喉白色并具白色细纹，上胸具灰褐色胸带，腹部污白色。

　　虹膜黑褐色；上喙角质褐色，下喙橙黄色；脚粉色至橙黄色。

　　生态习性：喜单独活动于中低海拔山地的常绿阔叶林和竹林中，性隐匿但常闻其声，因体色暗淡而过去常被忽视。

　　分布：中国见于河南、四川、云南、湖北、湖南、江苏、江西、浙江、福建、台湾岛、广东、广西和香港。国外越冬于马来半岛。

广西大瑶山国家级自然保护区/陈锋

广西大瑶山国家级自然保护区/陈锋

褐胸鹟
Brown-breasted Flycatcher

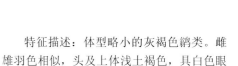

体长：13厘米
居留类型：夏候鸟、留鸟、旅鸟

特征描述：体型略小的灰褐色鹟类。雌雄羽色相似，头及上体浅土褐色，具白色眼先和眼圈，下颊纹褐色，两翼染棕色并具两道翼斑，颏、喉至下体包括尾下覆羽白色，两胁染灰色，尾羽棕褐色。

虹膜黑色；上喙角质褐色，下喙肉色且尖端色深；脚肉黄色。

生态习性：见于中低海拔山地的阔叶林、竹林和次生林中，多单独活动，性安静而隐蔽。

分布：中国见于甘肃、四川、贵州、云南、重庆、湖北、湖南、广东以及广西，迷鸟至台湾岛。国外分布于喜马拉雅山脉中段至东段，印度东北部和西南部，斯里兰卡，缅甸北部和泰国西北部。

褐胸鹟的喙甚为宽大/四川都江堰/董磊

四川都江堰/董磊

斑鹟

Spotted Flycatcher

体长：16厘米　　居留类型：夏候鸟

特征描述：体型略大的灰褐色鹟类。雌雄羽色相似，头和上体沙褐色，两翼和尾上覆羽黑褐色，前额至头顶具细黑色纵纹，头顶略具羽冠，眼周和下颊有时显棕色。颏、喉、胸、腹和尾下覆羽白色，胸部具黑褐色胸环和黑色纵纹，两胁染灰色。

虹膜黑色；喙黑色，下喙基部黄色；脚角质黑色。

生态习性：栖息于干旱地带的人工林、次生林、疏林和灌木丛中，也见于人居附近的果园、苗圃和城市园林里，性安静而不惧人。

分布：中国仅见于新疆西部和北部。国外分布于欧洲至亚洲中部和西伯利亚南部，越冬于非洲。

新疆阿勒泰/沈越

新疆阿勒泰/郑建平

新疆/张永

很多鹟的幼鸟与斑鹟幼鸟一样，周身布满斑点/巢和幼鸟/新疆阿勒泰/张国强

新疆阿勒泰/张国强

灰纹鹟
Grey-streaked Flycatcher

体长：14厘米　　居留类型：夏候鸟、旅鸟

　　特征描述：体型略小的黑褐色鹟类。雌雄羽色相似，眼先浅色，具白色眼圈和黑褐色下颊纹，头和上体黑褐色，两翼和尾部略染棕色，颏喉、胸腹和尾下覆羽纯白色，胸部和两胁具显著的黑褐色纵纹。似乌鹟但体略大，胸腹部纵纹更明显，无半领环，翼尖几乎至尾端。
　　虹膜黑色；喙黑色；脚角质黑色。
　　生态习性：多繁殖于中低海拔山地的针阔混交林、针叶林的林缘，栖息于植被中层，迁徙季节也见于城市园林、海防林中。
　　分布：中国繁殖于东北，迁徙经华北、华中、华东、东南和华南，包括台湾岛和海南岛，偶见于四川和云南。国外繁殖于东北亚，迁徙至菲律宾、印度尼西亚和新几内亚。

幼鸟/江西南矶山/林剑声

羽毛上的浅色点斑是幼鸟的标志/江西南矶山/林剑声

河北/张永

乌鹟
Dark-sided Flycatcher

体长：13厘米　居留类型：夏候鸟、冬候鸟、旅鸟

特征描述：体型较小的黑褐色鹟类。雌雄羽色相似，具白色眼圈和淡色眼先，颏、喉白色，头和上体黑褐色，上胸及胸侧乌灰色且延伸至腹侧，下腹和尾下覆羽白色。似北灰鹟，但胸侧和两胁乌灰色纹路明显，颈部具白色半颈环，初级飞羽翼尖至尾羽尖端2/3处。

虹膜黑色；喙黑色；脚角质黑色。

生态习性：栖息于中低海拔山地的针阔混交林和针叶林中，可上至高海拔地带的针叶林线附近，喜阴暗的林下，觅食于植被中上层，几乎不下地觅食，常见于树枝顶端。

分布：中国见于东部大部分地区和华南。国外繁殖于东北亚、喜马拉雅山脉，在东南亚越冬。

江西南昌/王揽华

江西南昌/王揽华

江西南昌/王揽华

1543

北灰鹟
Asian Brown Flycatcher

体长：13厘米　　居留类型：夏候鸟、冬候鸟、旅鸟

特征描述：体型较小的灰褐色鹟类。雌雄羽色相似，上体灰褐色，具白色眼圈和沿线，颏、喉至下体包括尾下覆羽灰白色，胸侧染灰色。

虹膜黑色；喙角质黑色，下喙基部肉色；脚角质黑色。

生态习性：多见单独或成对栖息于近溪流的落叶阔叶林、针阔混交林和针叶林下和林缘，性机警，不惧人。

分布：中国繁殖于东北，迁徙经华北、华东、华中、西南和东南地区，至华南一带越冬。国外繁殖于东北亚，迁徙至南亚、东南亚越冬。

福建福州/曲利明

福建福州/曲利明

辽宁沈阳/孙晓明

福建福州／林峰

福建福州／曲利明

棕尾褐鹟

Ferruginous Flycatcher

体长：12厘米　　居留类型：夏候鸟、冬候鸟、旅鸟、留鸟

　　特征描述：体型较小的锈红色鹟类。雌雄羽色相似，头灰色，具白色眼圈，眼先锈红色，具灰色下颊纹，颏、喉污白色，上背棕褐色，腰锈红色，两翼和尾上覆羽黑色且具锈红色羽缘，有两道翼斑，胸腹至尾下覆羽锈红色，下腹中央白色。
　　虹膜黑褐色；喙角质褐色，下喙基部浅色；脚粉褐色至角质褐色。
　　生态习性：多单独活动于中低海拔山区的常绿阔叶林和针阔混交林中，迁徙季节也见于低海拔地带的阔叶林和城市园林中，安静但并不惧人，常从突兀树枝上跃起，捕捉昆虫后再飞回原处。
　　分布：中国见于甘肃南部、陕西南部、西藏、四川、云南、贵州、福建、广东、广西、香港、海南岛和台湾岛。国外繁殖于喜马拉雅山脉、印度东北部和缅甸，越冬于东南亚。

四川都江堰/董磊

只在迁徙期间棕尾褐鹟才能见于城市周边/四川都江堰/董磊

四川都江堰/董磊

斑姬鹟
European Pied Flycatcher

体长：13厘米
居留类型：迷鸟

　　特征描述：体型略小的黑白色鹟类。雄鸟上体黑色，前额具白色点斑，两翼具宽阔的白色翼斑，额、喉至整个下体白色，尾羽基部白色。雌鸟上体灰褐色，具较小的白色翼斑，额、喉和下体白色。
　　虹膜黑褐色；**喙**角质黑色；**脚**黑色。
　　生态习性：常见单独或成对栖息于落叶林、杂木林、城市园林、庭院以及郊野道旁树林中。
　　分布：中国仅见于新疆南部，为2008年中国新记录的鸟类。国外分布于欧洲大陆，东至西西伯利亚和中亚，南至北非。

雌鸟/新疆于田/马鸣

雌鸟/新疆于田/马鸣

1547

白眉姬鹟
Yellow-rumped Flycatcher

体长：13厘米
居留类型：夏候鸟、旅鸟

　　特征描述：体型略小的黑色、白色和黄色鹟类。雌雄羽色相异，雄鸟上体黑色，具宽阔的白色眉纹，两翼具显著的大型白色翼斑，腰羽鲜黄色，颏、喉、胸至上腹鲜黄色，下腹及尾下覆羽白色。雌鸟上体橄榄褐色，腰羽黄色，两翼具明显的白色翼斑，颏、喉、胸及下体黄白色，尾下覆羽白色。

　　虹膜黑褐色；喙角质黑色；脚角质褐色。

　　生态习性：繁殖季节多成对见于中低海拔山地的常绿阔叶林和针阔混交林中，迁徙季节也见于苗圃、果园、荒地和园林绿地，习性同其他姬鹟。

　　分布：中国见于东北、华北、华东、华中、东南、西南和华南的大部分地区。国外繁殖于东北亚，迁徙至马来半岛和大巽他群岛越冬。

白眉姬鹟通常在树冠中下层活动/雄鸟/北京/沈越

雌鸟/福建福州/曲利明

雄鸟/福建福州/曲利明

雌鸟/北京/张永

黄眉姬鹟
Narcissus Flycatcher

体长：13厘米
居留类型：冬候鸟、旅鸟

　　特征描述：体型略小的黑色和黄色姬鹟。雌雄羽色相异，雄鸟上体黑色，具宽阔且长的鲜黄色眉纹，后背和腰羽鲜黄色，两翼大覆羽和中覆羽形成大块白色翼斑，颏、喉、胸和上腹鲜黄色，颏、喉中央橙红色，下腹及尾下覆羽白色。雌鸟暗淡且通体灰褐色，下体黄白色而胸部染灰色，喉部和胸侧具鳞状纹，两翼具两道白色翼斑，尾棕色。

　　虹膜黑色；喙角质黑色；脚角质褐色至粉褐色。

　　生态习性：多单独或成对活动于中低山阔叶林、针阔混交林和针叶林的林缘，迁徙季节也见于防风林、苗圃、果园以及人工园林，习性同其他姬鹟。

　　分布：中国见于山东、江苏、安徽、福建、浙江、广东、广西、云南、台湾岛和海南岛，也有部分在海南岛越冬。国外繁殖于东亚北部萨哈林岛、日本，越冬十东南亚。

雌鸟/福建闽侯/高川

雄鸟/福建闽侯/高川

雄鸟/福建福州/曲利明

雌鸟/福建福州/张浩

绿背姬鹟

Green-backed Flycatcher

体长：13厘米　　居留类型：夏候鸟、旅鸟

　　特征描述：体型略小的深绿色姬鹟。雄鸟头部深橄榄绿色，眉纹明黄色且从眼先开始少许延长至眼后，眼圈、腰部和下体亮黄色，上背偏灰的橄榄绿色，翅暗绿色且有白色小块条状翼斑，尾深绿色。雌鸟上体暗橄榄绿色，眼先偏淡橄榄黄色，上体偏暗，尾或尾上覆羽染锈红色，没有黄色的腰部和白色的块状翼斑，条状翼斑浅灰色，下体浅暗黄色。雌雄姬鹟在鸣声和形态上均与黄眉姬鹟的*narcissina*亚种和*owstoni*亚种有明显区别。曾被置于黄眉姬鹟*Ficedula narcissina*下的*elisae*亚种，现多数的观点认为其为独立种*Ficedula elisae*，中文名为绿背姬鹟，该种为单型种。

　　虹膜暗褐色；喙黑色或黑褐色；脚深色。

　　生态习性：繁殖于山地阔叶林中，也出现在针阔混交林的林缘地带，迁徙季节出没于公园，分布海拔可高至2000米左右，主要以昆虫和昆虫幼虫为食。

　　分布：中国出现于北京、河北、河南、山西、江西、广西、广东和香港以及台湾岛。国外罕见过境或越冬于泰国南部和马来半岛，见于泰国东南部、新加坡和越南的为漂鸟，迷鸟见于日本本州。

迁徙期间，绿背姬鹟不罕见于北京城区面积较大绿地，其繁殖海拔通常较白眉姬鹟高，但二者有重叠/雌鸟/北京/张永

鸲姬鹟
Mugimaki Flycatcher

体长：13厘米　　居留类型：夏候鸟、冬候鸟、旅鸟

特征描述：体型略小的黑白色和橙色姬鹟。雌雄体色相异，雄鸟头部、上体及尾上覆羽黑色，眼后具粗白色眉纹，两翼具宽阔的白色翼斑，颏、喉、胸及上腹橙红色，下腹至尾下覆羽白色，外侧尾羽基部白色。雌鸟头部和上体橄榄褐色，两翼具两道白色斑，颏、喉至上腹的橙红色较淡，其余下体白色。

虹膜黑色；喙角质黑色；脚角质褐色。

生态习性：多单独或成对栖息于中低海拔山区和平原的针阔混交林、针叶林中，迁徙季节见于果园、苗圃、海防林等多种林相，活动于植被中下层，不惧人。

分布：中国繁殖于东北，迁徙经华北、华东、华中和东南，越冬于华南，包括台湾岛和海南岛，偶至四川、云南和贵州。国外繁殖于东亚北部，迁徙经东亚大部至东南亚越冬。

雌鸟/江苏盐城/孙华金

雄鸟/河北乐亭/沈越

雄鸟/福建福州/白文胜

锈胸蓝姬鹟

Slaty-backed Flycatcher

体长：13厘米
居留类型：夏候鸟、留鸟、旅鸟

　　特征描述：体型略小的青蓝色和橙色姬鹟。雌雄羽色相异，雄鸟头和上体深青蓝色，部分个体眼先具白色眉纹，两翼飞羽染褐色，颏、喉及上胸橙红色，胸腹橙红色渐变为白色，尾下覆羽白色，或染橙红色。雌鸟通体棕褐色，两翼和尾部偏黑色，具一道深黄色翼斑。

　　虹膜黑色；喙角质黑色；脚角质黑色。

　　生态习性：多单独或成对栖息于针阔混交林、针叶林和竹林的林缘，活动于植被中上层，繁殖季常立于树枝顶端鸣唱，怯生且不易发现。

　　分布：中国见于甘肃南部、青海东南部、陕西南部、四川、云南、贵州、广西以及西藏南部，迷鸟至北京和台湾岛。国外分布于喜马拉雅山脉至中南半岛中北部。

四川阿坝/李锦昌

雄鸟/西藏/张永

橙胸姬鹟
Rufous-gorgeted Flycatcher

体长：14厘米   居留类型：夏候鸟、冬候鸟

特征描述：体型略小的橄榄色姬鹟。雌雄羽色相似，雄鸟头顶至上体橄榄褐色，具粗短的白色眉纹，脸和颏、喉黑色，尾上覆羽黑褐色而外侧尾羽基部白色，喉、胸连接处具三角形橙色块斑，胸灰色，下腹污白色，尾下覆羽白色。雌鸟似雄鸟，但整体颜色暗淡，眉纹较不明显，颏、喉灰黑色。

虹膜黑褐色；喙角质黑色；脚粉褐色至黄褐色。

生态习性：栖息于中高海拔山地的针阔混交林、针叶林的林缘以及高山灌丛中，迁徙也见于低海拔丘陵和平原的园林、苗圃和果园中，性惧生而喜阴湿林下。

分布：中国见于甘肃和陕西南部、四川、湖北西部、西藏东南部、云南、贵州、重庆、广东、广西以及香港，迷鸟见于河北。国外分布于喜马拉雅山脉至中南半岛北部。

西藏/张永

云南那邦/沈越

云南瑞丽/董磊

红胸姬鹟

Red-breasted Flycatcher

体长：11厘米　居留类型：冬候鸟、旅鸟

　　特征描述：体型较小的褐色姬鹟。雌雄羽色相似，繁殖季雄鸟喉部的橘红色一直延伸到胸部上方，把胸腹部逐渐渲染，脸颊偏灰色。而红喉姬鹟仅喉部橘红色，胸部有一条明显的灰色胸带与胸腹隔离，脸颊偏褐色而显色深，尾上覆羽偏褐色。曾被置于红喉姬鹟*Ficedula parva*下的指名亚种*parva*，但其与东方的亚种*albicilla*在形态上和鸣声上均有明显区别，现多数观点将其与东方亚种按不同种对待，并将红喉姬鹟的中文名保留给*Ficedula albicilla*，而把*Ficedula parva*更名为红胸姬鹟。

　　虹膜黑色；喙角质黑色；脚角质黑色。

　　生态习性：繁殖于多种生境的林带，大多数出现在植被稠密、灌木丰富的地区，邻近多有溪流，偏好于阔叶林但在混交林中也有出现。迁徙和越冬季节选择的生境更为多样，林地、果园、公园和森林边缘均有出现，主要以昆虫为食。

　　分布：中国仅在迁徙季节出现在东部、东南部沿海地区以及台湾岛，在新疆西部和西藏西南部也可能有分布。国外繁殖于斯堪的纳维亚半岛南部，横跨中欧和东欧，东至乌拉尔山脉、高加索山脉及喜马拉雅山脉西部，越冬于亚洲西部和印度次大陆北部，在韩国和日本为偶见迷鸟。

北京/沈越

红胸姬鹟是北京罕见的冬季访客/北京/沈越

北京/张永

北京/沈越

红喉姬鹟
Taiga Flycatcher

体长：12厘米
居留类型：夏候鸟、冬候鸟、旅鸟

　　特征描述：体型较小的褐色姬鹟。雌雄羽色相似，雄鸟繁殖羽上体褐色，眼先浅色，眼圈白色，头部偏灰色，颏、喉橙红色，胸部具灰色胸带，下体至尾下覆羽白色，尾部黑色且两侧尾羽基部白色。雌鸟体色较淡且颏、喉部为白色，胸腹白色且胸部染灰色。

　　虹膜黑色；喙角质黑色；脚角质黑色。

　　生态习性：多见单独或成对栖息于落叶阔叶林、针阔混交林和针叶林的林缘，迁徙季节也见于人工园林、田间绿地和荒地，常停栖于树枝上，取食于植被中下层和地面，常弹尾并伴随发出"te-te"的叫声。

　　分布：中国繁殖于黑龙江和吉林，迁徙经华北、华东、华中、东南、西南和华南，越冬于广东、广西、香港、海南岛和台湾岛。国外繁殖于俄罗斯西伯利亚至远东地区，蒙古以及朝鲜半岛，迁徙至中南半岛和马来半岛越冬。

雄鸟/北京/张永

雄鸟/北京/沈越

棕胸蓝姬鹟
Snowy-browed Flycatcher

体长：11厘米　　居留类型：夏候鸟、留鸟、旅鸟

特征描述：体型较小的蓝色和橙色姬鹟。雌雄羽色相异，雄鸟具短白色眉纹，与前额未相连，上体和尾上覆羽青蓝色，两翼飞羽褐色，喉胸橘红色，下腹及尾下覆羽灰白色。雌鸟眼先皮黄色，具皮黄色眼圈，上体棕褐色，喉和下体皮黄色，腹部染白色。

虹膜黑色；喙角质黑色；脚粉色。

生态习性：栖息于中低海拔山地的常绿阔叶林、针阔混交林和竹林的中下层，迁徙季节也见于园林、苗圃和果园，取食于地面，食虫性，常单独活动，迁徙季节也见几只在同一区域活动，不甚惧人。

分布：中国见于西藏南部、四川、青海、陕西、云南、重庆、贵州、广西、广东、香港、海南岛和台湾岛。国外分布于喜马拉雅山脉、中南半岛、马来半岛、大巽他群岛、菲律宾群岛和小巽他群岛。

雄鸟/四川成都/董磊

雄鸟/四川成都/董磊

雄鸟/台湾/吴崇汉

小斑姬鹟

Little Pied Flycatcher

体长：11厘米
居留类型：留鸟

特征描述：体型较小的黑白色姬鹟。雌雄羽色相异，雄鸟头和上体黑色，具宽阔的白色眉纹且延伸至枕后，两翼具宽阔的白色翼斑，外侧尾羽两侧白色，整个下体白色。雌鸟头和上体灰黑色，两翼和尾羽褐色染棕色，颏、喉和下腹白色，两胁染褐色。

虹膜黑褐色，具皮黄色眼圈；喙角质黑色；脚角质黑色。

生态习性：栖息于中低海拔山地的常绿阔叶林、针阔混交林、竹林以及人工针叶林的林缘，多单独活动，活动于植被中下层，胆大而不惧人，常从隐蔽处飞出察看周围动静，有时也与其他小型鸟类混群。

分布：中国见于西藏东南部、四川南部、贵州南部、云南和广西西部。国外分布于喜马拉雅山脉、中南半岛、马来半岛、大巽他群岛、菲律宾群岛和小巽他群岛。

雌鸟/云南/吴敏彦

雄鸟/云南/吴敏彦

雄鸟/云南/吴敏彦

白眉蓝姬鹟

Ultramarine Flycatcher

体长：11厘米
居留类型：夏候鸟、冬候鸟、旅鸟

　　特征描述：体型较小的深蓝色姬鹟。雌雄羽色相异，雄鸟暗蓝色，具不明显至宽阔的白色眉纹，胸侧蓝色，颏、喉、胸及下腹白色。雌鸟上体灰褐色，两翼和尾部染蓝色，颏、喉、胸及下腹白色，两胁染灰色。

　　虹膜黑褐色；喙黑色；脚黑色。

　　生态习性：单独或成对活动于中高海拔山地的常绿阔叶林、落叶阔叶林、针阔混交林甚至纯针叶林中，觅食于植被中下层和地面，习性似其他姬鹟，胆大而不怯人。

　　分布：中国见于西藏东南部，四川西南部，云南西北部、西部和南部。国外分布于喜马拉雅山脉经印度东北部至中南半岛中北部。

雌鸟/西藏山南/李锦昌

产于不同地区的雄鸟细部有别，如见于云南中部的雄鸟即无如上图者可见的白色眉纹/雄鸟/西藏山南/李锦昌

灰蓝姬鹟
Slaty-blue Flycatcher

体长：12厘米
居留类型：夏候鸟、留鸟

特征描述：体型较小的暗蓝色姬鹟。雌雄羽色相异，雄鸟上体深灰蓝色，前额辉蓝色，脸、两翼和尾部偏黑色，尾羽两侧基部白色，喉部乳白色，胸及下腹灰白色。雌鸟上体棕褐色，两翼和尾部红褐色，喉部乳白色，胸及下腹灰褐色。

虹膜黑色；喙角质黑色；脚角质褐色。

生态习性：繁殖季多成对见于中高海拔山地的阔叶林、针阔混交林以及针叶林的林缘、林下灌丛，觅食于植被中下层和地面，食虫性，停栖时常下垂两翼并不时弹尾，不甚怕人。

分布：中国见于湖北、陕西、甘肃、四川、贵州、西藏以及云南，迷鸟见于河北。国外分布于喜马拉雅山脉、南亚东北部以及中南半岛北部。

雄鸟/四川瓦屋山/郑建平

雄鸟/西藏/张永

1563

白腹蓝鹟
Blue-and-white Flycatcher

体长：17厘米　居留类型：夏候鸟、冬候鸟、旅鸟

特征描述：体型较大的蓝白色鹟类。雌雄羽色相异，雄鸟的头顶、颈背、上体和尾上覆羽青蓝色，前额和肩部辉蓝色，脸部、额、喉和前胸黑色或青蓝色，下胸、腹部和尾下覆羽纯白色，与上胸界限明显，两侧尾羽基部白色。雌鸟头部、上体包括尾上覆羽灰褐色染棕色，眼先染棕黄色，眼圈皮黄色，额、喉中央白色，额、喉两侧及胸部和上腹灰褐色，下腹和尾下覆羽白色，胸腹颜色界限较雄鸟不明显。

虹膜黑褐色；喙角质黑色；脚角质黑色。

生态习性：栖息于中低海拔山地森林近溪流的林缘，也见于防风林、次生林、人工林和公园中，胆大而不甚怕人。

分布：中国见于东北、华北、华东、华中、东南和华南，偶见于西南。国外繁殖于东亚北部，包括日本和朝鲜半岛，越冬于中南半岛、马来半岛、菲律宾和大巽他群岛。

雄鸟/福建永安/郑建平

雄鸟/河北乐亭/沈越

雄鸟/福建永安/郑建平

铜蓝鹟
Verditer Flycatcher

体长：17厘米
居留类型：夏候鸟、冬候鸟

　　特征描述： 体型略大的蓝绿色鹟类。雌雄羽色相似，雄鸟通体铜蓝色，眼先黑色，尾下覆羽蓝绿色，具白色边缘而形成鳞状斑。雌鸟颜色较淡，喉部显灰白色。

　　虹膜黑褐色；喙角质黑色；脚角质褐色。

　　生态习性： 单独或成对活动于中高海拔山地的阔叶林、针阔混交林和针叶林边缘，喜林地中的开阔地带，于突兀枝头翻飞捕捉昆虫，性大胆而不怯人，常发出叫声而易发现。

　　分布： 中国见于西藏南部和东南部、云南、四川、重庆、湖北、湖南、贵州、广西、广东、香港、澳门、福建、安徽、上海、山东、江苏、台湾岛等地，迷鸟见于北京和河北。国外分布于喜马拉雅山脉、南亚东北部、中南半岛、马来半岛、苏门答腊岛和婆罗洲。

雌鸟/贵州/陈久桐

雄鸟/贵州/陈久桐

1565

海南蓝仙鹟

Hainan Blue Flycatcher

体长：14厘米　居留类型：夏候鸟、旅鸟、留鸟

　　特征描述：体型较小的深蓝色鹟类。雌雄羽色相异，雄鸟脸部颜色较深而形成黑色脸罩，眉纹辉蓝色且在前额相连，头、上体、尾上覆羽、喉、胸部深蓝色，下胸及下腹至尾下覆羽白色，两胁染灰色。雌鸟眼先皮黄色，具皮黄色眼圈，头及上体包括尾上覆羽橄榄褐色，尾羽稍染棕色，喉胸橙色，其余下体白色，两胁染灰色。

　　虹膜黑色；喙角质黑色；脚肉褐色至角质褐色。

　　生态习性：多单独或成对栖息于低山和丘陵的常绿阔叶林、次生林中，迁徙季节也见于园林、城市绿地和郊野竹林中，觅食于植被中上层。

　　分布：中国见于云南南部和东南部、贵州、福建、广西、广东、香港及海南岛。国外分布于中南半岛。

雄鸟/广东广州/廖晓东

雌鸟/广东广州/廖晓东

雄鸟/广东广州/廖晓东

纯蓝仙鹟
Pale Blue Flycatcher

体长：16厘米
居留类型：夏候鸟、留鸟

纯蓝仙鹟的喙明显长于铜蓝鹟，且几乎不至树冠上的突出处活动/海南三亚/李锦昌

特征描述：体型略大的纯蓝色鹟类。雌雄羽色相异，雄鸟通体湖蓝色，眼先黑色，眼先上方和两肩具灰蓝色眉纹及闪斑，喉、胸蓝色较浅，下腹和两胁蓝灰色至灰白色，尾下覆羽蓝色，具白色羽缘而形成鳞状纹。雌鸟体色暗淡，头及下体黑褐色，胸腹黑褐色较淡，尾下覆羽灰色而具白色鳞状斑，上背灰褐色，两翼和尾棕褐色。雄鸟似铜蓝鹟雄鸟，但体羽非铜绿色且雌雄明显异色；似海南蓝仙鹟但体型明显较大，下体灰白色部位少且蓝色更偏紫色。

虹膜黑色；喙角质黑色；脚角质褐色。

生态习性：性孤僻，多栖息于低海拔的山地原生阔叶林和竹林中，活动隐蔽。

分布：中国见于西藏东南部、云南、广西西南部以及海南岛。国外分布于喜马拉雅山脉经印度东北部至中南半岛、马来半岛及大巽他群岛。

云南西双版纳/Craig Brelsford大山雀

山蓝仙鹟

Hill Blue Flycatcher

体长：14厘米
居留类型：夏候鸟、旅鸟、留鸟

　　特征描述：体型较小的蓝色和橙色仙鹟。雄鸟头、上背和尾上覆羽湖蓝色，前额、肩羽辉蓝色，颏、喉、胸及两胁橙色，腹部至尾下覆羽白色。似中华仙鹟雄鸟但颏为橙色，上体蓝色偏绿色。雌鸟上体棕褐色，腰羽和尾上覆羽红棕色，眼先、颏、喉至上胸棕红色，腹部和尾下覆羽白色。
　　虹膜黑褐色；喙黑色；脚黄褐色至角质褐色。
　　生态习性：栖息于中低海拔山地的阔叶林、针阔混交林及林缘，迁徙季节也见于人工园林中，多单独活动，安静而不易发现，觅食于树林中下层。
　　分布：中国见于四川南部、云南和贵州西南部。国外分布于喜马拉雅中部至缅甸北部和菲律宾以及大巽他群岛。

云南西双版纳/李锦昌

云南普洱/肖克坚

蓝喉仙鹟
Blue-throated Flycatcher

体长：14厘米
居留类型：夏候鸟、冬候鸟、旅鸟

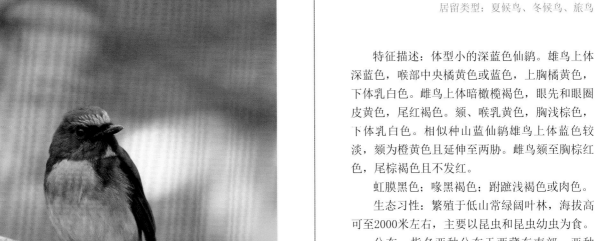

雄鸟/四川/张铭

特征描述：体型小的深蓝色仙鹟。雄鸟上体深蓝色，喉部中央橘黄色或蓝色，上胸橘黄色，下体乳白色。雌鸟上体暗橄榄褐色，眼先和眼圈皮黄色，尾红褐色。额、喉乳黄色，胸浅棕色，下体乳白色。相似种山蓝仙鹟雄鸟上体蓝色较淡，额为橙黄色且延伸至两胁。雌鸟额至胸棕红色，尾棕褐色且不发红。

虹膜黑色；喙黑褐色；跗蹠浅褐色或肉色。

生态习性：繁殖于低山常绿阔叶林，海拔高可至2000米左右，主要以昆虫和昆虫幼虫为食。

分布：指名亚种分布于西藏东南部。亚种 *glaucicomans* 分布于中国西南、华中，南至中南半岛和马来半岛。国内夏季见于华中西部和中国西南，越冬于云南西南部和南部以及华南，不见于海南岛，此亚种鉴于其在形态、鸣声和居留习性与蓝喉仙鹟的其他诸亚种有显著不同，现多数观点也将其作为独立种，称为"中华仙鹟 Chinese Blue Flycatcher"。

雄鸟/四川/张铭

白尾蓝仙鹟

White-tailed Flycatcher

体长：17厘米
居留类型：留鸟

特征描述：体型略大的深蓝色仙鹟。雌雄羽色相异，雄鸟上体深蓝色，眉纹和肩羽辉蓝色，颏、喉和胸部蓝色，两侧尾羽白色，下体白色。雌鸟上体橄榄褐色，喉和胸腹皮黄色，喉胸间具白色斑，下腹白色，尾羽两侧白色。

虹膜黑褐色；喙角质黑色；脚角质黑色。

生态习性：多见单独活动于低海拔地带的常绿阔叶林、竹林和灌丛中，觅食于植被中层，安静且隐匿，行为活泼敏捷，常扇开尾羽。

分布：中国见于云南南部。国外分布于印度东北部至中南半岛、马来半岛、婆罗洲和苏门答腊岛。

云南西双版纳/Craig Brelsford大山雀

雄鸟/云南西双版纳/李锦昌

白喉姬鹟
White-gorgeted Flycatcher

体长：12厘米
居留类型：留鸟

云南/董江天

特征描述：体型较小的橄榄褐色姬鹟。上体灰橄榄褐色，两翼和尾部偏棕色，脸颊灰色，眼先具白色细眉纹，颏、喉白色，下颊和上胸具黑色边缘而形成黑色下颊纹和胸前横纹，下腹灰褐色，两胁染皮黄色，下腹中央染白色。

虹膜黑色；喙角质黑色；脚粉色。

生态习性：多单独活动于中低海拔山区的常绿阔叶林中，喜近溪流的林缘生境，性隐匿而不易发现。

分布：中国见于云南西部和中南部。国外分布于喜马拉雅山脉中部和东部、印度东北部以及中南半岛北部。

云南/田穗兴

棕腹大仙鹟
Fujian Niltava

体长：17厘米
居留类型：夏候鸟、冬候鸟、旅鸟、留鸟

特征描述：体型略大的深蓝色和橙色仙鹟。雄鸟上体深蓝色，脸颊和额、喉黑色，下体橙色。似棕腹仙鹟雄鸟，但头顶辉蓝色仅位于前额到头顶，不延伸至头后，肩羽的辉蓝色较暗或不明显，胸部橙色到腹部逐渐变淡，两翼更染褐色。雌鸟体羽灰褐色，眼先、腰、尾上覆羽和两翼灰色，颈侧具辉蓝色斑，额、喉皮黄色，喉与胸之间具白色颈环，下体灰色。似棕腹仙鹟雌鸟，但体型稍大且腹部颜色更淡。

虹膜黑褐色；喙黑色；脚黑色。

生态习性：栖息于中高海拔山地的阔叶林和针阔混交林中，也见于林缘和灌丛中，非繁殖季下至低海拔或迁徙至低纬度地区，也见于村落、公园和荒地，常单独或成对活动，以动物性食物为食。

分布：中国见于四川中部和西南部、云南、重庆、贵州、福建、广西、广东、香港和海南岛。国外越冬于中南半岛。

雌鸟/四川/张永

雄鸟/四川成都/董磊

棕腹仙鹟
Rufous-bellied Niltava

体长：16厘米　　居留类型：夏候鸟、旅鸟、留鸟

特征描述：体型略大的深蓝色和橙色仙鹟。雄鸟头顶钴蓝色，额、眼先、颊部及颏、喉部黑色，颈侧具蓝色细长斑纹，上体深蓝紫色，飞羽棕褐色，肩上具蓝色羽斑，腰部钴蓝色，尾羽黑褐色，下体棕色，胸部栗色，尾下覆羽淡棕色。与棕腹大仙鹟*V. davidi*的区别在于体羽色彩较亮丽，臀部棕色稍浓，额部钴蓝色延伸过头顶。雌鸟灰褐色，翼和尾棕褐色，颈侧具钴蓝色块斑，下喉具白色领环，腹中央白色。

虹膜黑褐色；嘴黑色；脚灰色。

生态习性：多栖息于中海拔山地的阔叶林、针阔混交林、竹林以及林缘灌丛中，喜阴湿的林下，多单独或成对活动，冬季转移至低海拔或低纬度地区，性安静，觅食于植被中下层。

分布：中国见于包括西藏东南部在内的西南各省以及陕西南部、甘肃南部、重庆、湖北西部。国外分布于喜马拉雅山脉至中南半岛北部。

雄鸟/西藏/张明

雄鸟/西藏/张明

雌鸟/四川/张铭

棕腹蓝仙鹟
Vivid Niltava

体长：19厘米　居留类型：留鸟

　　特征描述：体型略大的深蓝色和橙色仙鹟。雄鸟上体暗蓝色，头顶至枕部、腰羽、尾上覆羽和肩羽辉蓝色，尾羽和两翼偏黑色，脸颊至额、喉和颈侧蓝黑色，胸及下腹橙色，胸和喉相接处橙色进入喉部成小三角状。雌鸟整体灰褐色至橄榄褐色，头至颈背灰褐色，喉部浅皮黄色，下体污灰色，颈侧不具辉蓝色斑，喉和胸之间不具浅色颈环。
　　虹膜黑褐色；喙黑色；脚黑褐色。
　　生态习性：栖息于中高海拔山地的阔叶林、针阔混交林甚至针叶林中，非繁殖季下至低海拔地带的疏林和林缘，也见于苗圃、果园和公园，不怕人且常单独停歇于突兀的树枝上，觅食于空中和植被中下层。
　　分布：中国见于西藏东南部，云南西部、南部和东南部以及四川中部和西南部，有孤立种群见于台湾岛。国外分布于印度东北部至中南半岛北部。

台湾/张永

西藏樟木/白文胜

云南腾冲/翁发祥

大仙鹟
Large Niltava

体长：21厘米　居留类型：留鸟

特征描述：体型较大的纯蓝色和黑色仙鹟。雄鸟上体深蓝色，前额、颈侧、肩羽和腰羽辉蓝色，脸颊褐色，喉黑色，胸、下体至尾下覆羽蓝黑色。雌鸟通体橄榄褐色，前额、两翼和尾上覆羽红棕色，颈侧辉蓝色，颏、喉皮黄色，喉和胸之间没有白色颈环。

虹膜黑褐色；喙黑色；脚角质黑色。

生态习性：单独或成对栖息于中低山的天然林或次生常绿阔叶林的中下层，性胆大而不怯人，觅食于灌木下层和地面。

分布：中国见于西藏南部和东南部，云南西部、南部和东南部。国外分布于喜马拉雅山脉至中南半岛、马来半岛和苏门答腊岛。

雌鸟/云南/吴崇汉

雄鸟/云南/吴崇汉

雄鸟/云南/吴崇汉

小仙鹟
Small Niltava

体长：13厘米　　居留类型：留鸟

特征描述：体型较小的深蓝色仙鹟。雄鸟整个上体深蓝色，前额、颈侧和腰羽辉蓝色，脸颊和颏、喉黑色，两翼偏黑色，胸腹深灰色，下腹至尾下覆羽白色。雌鸟通体棕褐色，眼先、颏、喉和尾下覆羽颜色较浅，胸腹部染灰色，两翼和尾上覆羽偏棕红，颈侧具辉蓝色斑，喉、胸之间具皮黄色颈环。

虹膜黑褐色；喙黑色；脚黑色。

生态习性：多栖息于中低海拔山地的天然林或次生常绿阔叶林中，非繁殖季栖息地下迁，常单独或成对活动于溪流附近的林缘、灌丛和竹林中，性活泼而活动敏捷。

分布：中国见于西藏东南部、云南、贵州、湖南、江西、浙江、福建、广西、广东和香港。国外分布于喜马拉雅山脉和中南半岛中北部。

雄鸟/江西武夷山/林剑声

幼鸟/江西武夷山/林剑声

雄鸟/江西武夷山/林剑声

西藏樟木/白文胜

雌鸟/江西武夷山/林剑声

河乌
White-throated Dipper

体长：20厘米　居留类型：留鸟

特征描述：常在溪流边活动的深褐色的鸟类。全身上体深褐色为主，下背及腰偏灰色，额、喉至上胸具白色的大斑块，也有深色型个体，其喉至胸呈烟褐色，偶具浅色纵纹。分布于新疆西部和北部的亚种腹部皆为白色。幼鸟灰色较重，下体较白。

虹膜红褐色；喙近黑色；脚褐色。

生态习性：栖息于山地林区清澈而湍急的溪流中，甚常见于海拔2400-4250米的适宜生境，善游泳及潜水，觅食于清澈急流底部卵石下的昆虫或者小鱼虾。身体常上下点动，作振翅炫耀。

分布：中国见于新疆阿尔泰山、天山、喀什及西昆仑山，西藏南部至云南西北部以及青藏高原东部至甘肃、四川北部。国外分布于古北界、喜马拉雅山脉至缅甸东北部。

斑驳的鳞状斑是幼鸟的特征/甘肃莲花山/高川

成鸟/新疆阿勒泰/张国强

成鸟/西藏/张永

幼鸟/西藏错那/肖克坚

深色型个体，背泛青灰色，是以区别于褐河乌/西藏错那/肖克坚

褐河乌

Brown Dipper

体长：21厘米
居留类型：留鸟

特征描述：体型略大、周身深褐色的河乌。身体无白色或浅色胸围，有时眼上有一白色小斑块。分布在新疆的亚种褐色，较其他亚种色淡。

虹膜褐色；喙深褐色；脚深褐色。

生态习性：常见于海拔300-3500米的湍急溪流中。食性同河乌，繁殖期多成对活动，略有季节性垂直迁移。头常点动，翘尾并偶尔抽动。在水面游泳然后潜入水中，似小鸊鷉，炫耀表演时两翼上举并振动。

分布：中国分布于天山西部、喜马拉雅山脉及西藏极南部，也见于东北、华北、华中、华东、西南、华南及至台湾岛。国外分布于南亚及东亚、喜马拉雅山脉及东南亚北部。

成鸟/陕西洋县/郭天成

口衔潜水捕获的水生昆虫/成鸟/吉林长白山/张代富

成鸟（右、左）和刚出巢的两只幼鸟（中）/四川唐家河国家级保护区/黄徐

成鸟/北京十渡/沈越

蓝翅叶鹎
Blue-winged Leafbird

体长：17厘米　居留类型：留鸟

特征描述：体型略小、蓝绿色的叶鹎。雄雌两性均具紫蓝色的颊纹，两翼蓝色。雄鸟喉黑色并带有鲜艳的黄色圈。雌鸟头全为绿色，无黄色眼圈，喉蓝色。与其他叶鹎的区别在于两翼及尾侧蓝色。

虹膜深褐色；喙黑色；脚蓝灰色。

生态习性：为亚热带、热带低地阔叶林中的区域性常见鸟。栖息于成熟林地，高至海拔1000米，常活动于高大树木的顶冠层，单独、成对或结小群活动，常与其他鸟类混群。

分布：中国边缘性地分布至云南西部和南部。国外分布于印度至马来半岛及大巽他群岛。

雄鸟/云南西双版纳/王昌大

蓝翅叶鹎喜食花蜜/雌鸟/云南/林月云

雌鸟/云南西双版纳/王昌大

金额叶鹎
Golden-fronted Leafbird

体长：19厘米
居留类型：留鸟

雄鸟/云南/吴威宪

特征描述：中等体型的艳绿色叶鹎。雄雌两性的颏及喉均黑色，具亮蓝色颊斑。雄鸟额部橘黄色，翼具亮蓝色肩斑。雌鸟色略暗。见于中国的亚种黑色喉周围无金色带，亚成鸟无黑色额和喉，但具绿色顶冠。

虹膜深褐色；喙、脚近黑色。

生态习性：栖息于海拔300-2300米的山林中，常加入混合鸟群，在树冠中上层活动，行动不甚迅捷，觅食时仔细搜寻。

分布：中国分布于西藏东南部和云南西南部。国外分布于印度至东南亚。

金额叶鹎雄鸟喜在枝头鸣叫，故较易观察到/雄鸟/云南/宋晔

橙腹叶鹎

Orange-bellied Leafbird

体长：20厘米
居留类型：留鸟

　　特征描述：体型略大、绿、蓝并染橙色的色彩鲜艳的叶鹎。雄鸟脸颊、下颌至胸兜黑色，髭纹蓝色，头绿色，而前额、颈后略染橘色，上体绿色，下体橘黄色，两翼及尾蓝色。雌鸟髭纹蓝色而周身绿色，飞羽、尾羽略染蓝色，腹中央具一道狭窄的条带。
　　虹膜褐色；喙黑色；脚灰色。
　　生态习性：喜亚热带阔叶林，栖于森林各层，性活跃，捕食昆虫，也吸食花蜜。
　　分布：中国见于南方各省，包括海南岛。国外分布于喜马拉雅山脉、东南亚。

雌鸟/福建福州/曲利明

雄鸟/福建福州/曲利明

雄鸟/云南腾冲/郭天成

雌鸟/福建福州/曲利明

黄腹啄花鸟
Yellow-bellied Flowerpecker

体长：13厘米
居留类型：留鸟、夏候鸟、冬候鸟

　　特征描述：体型较大而下腹部为艳黄色的啄花鸟。雄鸟上体色深而胸部有特征性纹样，喉部的白色纵斑与黑色的头、喉侧及上体成对比，外侧尾羽内翈具白色斑块。雌鸟似雄鸟，雄鸟身上的黑色部分在雌鸟身上表现为深橄榄色。
　　虹膜褐色；喙黑色；脚黑色。
　　生态习性：栖息于海拔1400-4000米的亚高山常绿林、开阔松林及森林空隙和林缘，冬季下迁，常生活于林冠最高处，食寄生植物的果实，冬季有时结小群活动。在觅食的槲寄生丛处驱赶其他鸟类，叫声与其他啄花鸟皆不同，显得细弱。
　　分布：中国见于四川西部和西南部、云南西部和南部。国外分布于喜马拉雅山南坡东段，也见于缅甸东北部和中南半岛北部山地。

雌鸟/西藏樟木/董磊

雄鸟/西藏樟木/董磊

黄肛啄花鸟
Yellow-vented Flowerpecker

体长：9厘米　　居留类型：留鸟

特征描述：体型甚小、背绿色而腹白色的啄花鸟。上体黄绿色，尾下覆羽艳黄色或橘黄色，下体余部白色并密布特征性的黑色斑纹，以此区别于其他啄花鸟或绣眼鸟。幼鸟体色较暗淡而偏橄榄色，下体多灰色。

虹膜红色或橘黄色；喙和脚均为黑色。

生态习性：喜栖息于园林绿地和开阔林地上，取食于结小浆果的树木，并捕食昆虫，较有攻击性，觅食点常驱赶其他小鸟。

分布：中国边缘性地见于云南南部。国外分布于印度东北部至东南亚。

云南西双版纳/沈越

纯色啄花鸟

Plain Flowerpecker

体长：9厘米　居留类型：留鸟

特征描述：体型甚小而色彩单一的啄花鸟。上体橄榄绿色，下体偏浅灰色，腹中心奶油色，翼角具白色羽簇。
虹膜褐色；喙黑色；脚深蓝灰色。
生态习性：典型的啄花鸟习性，常光顾寄生槲类植物，适应于各种林相。
分布：中国分布于湖南、四川东部及长江以南，也见于台湾岛与海南岛。国外分布于印度、东南亚。

槲寄生浆果和其他大小类似的浆果是所有啄花鸟喜爱的食物/台湾/
吴崇汉

台湾/吴崇汉

台湾/吴崇汉

云南西双版纳/沈越

云南/张明

红胸啄花鸟

Fire-breasted Flowerpecker

体长：9厘米
居留类型：留鸟

　　特征描述：体型纤小并具有红胸的啄花鸟。雄鸟上体蓝色而有绿色辉光，胸具猩红色的块斑，被一道狭窄的沿腹部而下的黑色纵纹一分为二，腹部其余部分为皮黄色。雌鸟背部橄榄褐色，下体赭皮黄色。亚成鸟似纯色啄花鸟，但分布在较高海拔处。
　　虹膜褐色；喙及脚黑色。
　　生态习性：栖息于海拔800-2200米的山地森林中，觅食于树冠层槲寄生植物丛中。常发出典型的啄花鸟单音叫声，有时也发出一系列细碎而连续的吱吱叫声。
　　分布：中国见于华中、华南、西藏东南部、云南以及台湾岛。国外分布于喜马拉雅山脉、东南亚。

雌鸟/福建/张明

雄鸟/福建福州/蔡卫和

雄鸟/福建福州/蔡卫和

雌鸟/台湾/林月云

朱背啄花鸟

Scarlet-backed Flowerpecker

体长：9厘米　　居留类型：留鸟

特征描述：体型甚小而具有红腰的啄花鸟。雄鸟顶冠、背和腰猩红色，两翼、头侧及尾黑色，两胁灰色，下体余部白色。雌鸟上体橄榄色，腰和尾上覆羽猩红色，尾黑色。亚成鸟上体灰绿色，两胁灰色而下体白色，喙橘黄色，腰略沾暗黄色。

虹膜褐色；喙黑绿色；脚黑绿色。

生态习性：喜次生植被，如园林绿地和林缘树木，高可至海拔1000米，常栖于寄生植物中，活动敏捷。

分布：中国分布于西藏东南部、云南南部、广西、广东及福建，也见于海南岛。国外分布于印度、东南亚。

雄鸟/广东深圳/王揽华

雌鸟在搜集巢材/广东深圳/王揽华

花蜜也是朱背啄花鸟喜爱的食物/雌鸟/广东深圳/王揽华

紫颊直嘴太阳鸟

Ruby-cheeked Sunbird

体长：10厘米　居留类型：留鸟

特征描述：体型较小、喙短而直、色彩艳丽的太阳鸟。雄鸟顶冠及上体闪辉绿色，脸颊深紫红色，喉和胸橙褐，腹部黄色。雌鸟上体橄榄绿色，下体似雄鸟但较淡。

虹膜红褐色；喙黑色；脚绿黑色。

生态习性：喜林缘、开阔林地中的下层灌丛及园林绿地，食花粉，常与其他鸟类混群造访花树。

分布：中国留鸟见于西藏东南部、云南西部及南部。国外分布于喜马拉雅山南坡东段至东南亚。

雄鸟/云南/张永

雄鸟/云南西双版纳/沈越

雄鸟/云南西双版纳/沈越

褐喉食蜜鸟
Brown-throated Sunbird

体长：14厘米　居留类型：留鸟

　　特征描述：体型略显大、喙长度适中、尾羽不延长、色彩艳丽的太阳鸟。雄鸟顶冠及上体闪辉蓝紫色，脸颊暗棕褐色，肩部金属紫色，翼上中覆羽和大覆羽为红褐色，喉部沾锈红色，下体余部至尾下覆羽黄色，胸部略染橘黄色。雌鸟上体橄榄绿色，下体似雄鸟但较淡。
　　虹膜红色；喙黑色；脚黑色。
　　生态习性：喜湿润低地森林，包括红树林，多活动于林缘，也造访园林绿地，常至开花树木觅食。
　　分布：中国目前记录仅见于云南西双版纳。国外见于东南亚各国。

云南西双版纳/肖克坚

云南西双版纳/肖克坚

该种是2009年中国新记录鸟种/雄鸟/云南西双版纳/沈越

紫色花蜜鸟
Purple Sunbird

体长：11厘米　居留类型：留鸟

特征描述：体型较小、雄鸟羽色深而雌鸟暗淡的花蜜鸟。雄鸟繁殖羽看似全黑色，但具绿色金属光泽和绛紫色的胸带，胸侧羽簇黄色和橘黄色。雌鸟上体橄榄色，下体暗黄色。与形似的黄腹花蜜鸟雌鸟相比，下体色较淡，尾端白色较窄。雄鸟非繁殖羽色似雌鸟，但喉中心具黑色纵纹。与非繁殖羽色的雄黄腹花蜜鸟区别在于翼覆羽颜色不同，紫色花蜜鸟虹闪蓝色，而黄腹花蜜鸟为橄榄绿色。
虹膜褐色；喙黑色；脚黑色。
生态习性：栖息于低地至中海拔开阔地带，活动于灌丛植被及林缘。
分布：中国分布于西藏东南部，云南西部、西南部至南部。国外见于印度至东南亚。

雄鸟／云南德宏／王昌大

雌鸟／云南／田穗兴

雌鸟／云南／吴廖富美

雄鸟/云南/田穗兴

雄鸟/云南/田穗兴

黄腹花蜜鸟
Olive-backed Sunbird

体长：10厘米
居留类型：留鸟

　　特征描述：体型较小、喙略短而弯、腹部黄色的花蜜鸟。雄鸟繁殖季节颏及胸黑紫色并泛金属光泽，具有绯红色及灰色胸带，将上腹部黑色斑与前胸隔开，肩斑为橙黄色丝质羽，上体橄榄绿色，繁殖期后颏至胸的深色斑块大部消失，直至仅剩喉中心的狭窄条纹。雌鸟通常具浅黄色的眉纹，上体橄榄绿色，下体黄色。
　　虹膜深褐色；喙和脚黑色。
　　生态习性：喜沿海灌丛、红树林和城镇园林绿地。声喧哗，结小群活动于盛花期的树上或灌丛中。雄鸟对同类有一定攻击性。
　　分布：中国为不常见留鸟，见于云南南部及广西的低地，也见于海南岛。国外分布于安达曼群岛和尼科巴群岛至菲律宾、印度尼西亚以及新几内亚、澳大利亚。

海南三亚/陈久桐

海南三亚/陈久桐

蓝喉太阳鸟

Mrs Gould's Sunbird

体长：14厘米　　居留类型：留鸟、夏候鸟、冬候鸟

　　特征描述：体型略大的太阳鸟。喙长而弯，雄鸟头顶、贯眼纹和颏部的羽毛呈辉紫蓝色，并排列为鱼鳞状，贯眼纹延至眼后形成颊斑，头余部至上背为猩红色，飞羽橄榄色，腰黄色，尾蓝色并延长，前胸为较浅的猩红色并向下渐变为鲜黄色，尾下覆羽白色，产于喜马拉雅山的个体前胸红色较少，仅呈条纹状。雌鸟上体橄榄色，下体绿黄色，颏及喉深橄榄色。雄鸟与绿喉太阳鸟、黑胸太阳鸟雄鸟的区别在于色彩亮丽且胸有猩红色；与火尾太阳鸟和黄腰太阳鸟雄鸟的区别在于尾蓝色。雌鸟仅黑胸太阳鸟雌鸟与其相似，但尾端的白色不清晰。

　　虹膜褐色；喙黑色；脚褐色。

　　生态习性：在分布区内常见于海拔1200-4300米的山地常绿林中。春季常与其他鸟类混群取食于杜鹃灌丛中，也上至泡桐等大树的树冠吸食花蜜，夏季活动于悬钩子等浆果灌丛，冬季下迁，有的个体能游荡至距繁殖地甚远的低地。

　　分布：中国分布于西南地区。国外分布于喜马拉雅山脉及印度阿萨姆至东南亚。

雄鸟/西藏山南/李锦昌

雄鸟/西藏/张永

雄鸟/云南/张明

雄鸟/四川卧龙自然保护区/张铭

绿喉太阳鸟

Green-tailed Sunbird

体长：14厘米
居留类型：留鸟

　　特征描述：体型略大的太阳鸟。喙较长而弯。雄鸟头顶至颈部闪蓝绿色，脸颊及颏至上胸近黑色而有蓝绿色光泽，上背猩红色，后背及翼橄榄绿色，腰黄色，尾长，中央尾羽延长而呈金属蓝绿色，下体黄色，近胸部染橘黄色，尾下覆羽附近染灰绿色。与蓝喉太阳鸟及火尾太阳鸟雄鸟的区别在于尾部偏绿色且腹部后端染灰色。雌鸟上体橄榄色，喉和颏灰色，并渐变至下体的暗绿黄色，无黄色的腰，尾羽羽端白色。与相似的雌性太阳鸟的区别在于尾为凸形。

　　虹膜褐色；喙黑色；脚褐色。

　　生态习性：依赖湿润多苔藓的常绿阔叶林，海拔可至1800-3600米，常光顾开花的矮树并大胆驱赶其他太阳鸟。

　　分布：中国见于西藏东南部、四川南部及西部，云南西部、中部（哀牢山）至东南部。国外分布于喜马拉雅山脉及印度东北部至中南半岛北部。

雄鸟/西藏樟木/白文胜

西藏樟木/董磊

雄鸟/云南/杨华

绿喉太阳鸟在开花树木上觅食时常驱赶其他小鸟/雄鸟/云南/张明

叉尾太阳鸟
Fork-tailed Sunbird

体长：10厘米
居留类型：留鸟

　　特征描述：体型较小、体态显得短圆的太阳鸟。雄鸟顶冠至颈背金属绿色，脸黑色而具闪辉绿色的髭纹和绛紫色至深红色的喉斑，上体和飞羽橄榄色。产于海南岛的个体飞羽近黑色，腰黄色，尾上覆羽及中央尾羽闪辉金属绿色，中央尾羽尖细延长，形成小叉状，外侧尾羽黑色而端白色，下体余部污白色。雌鸟甚小，上体橄榄色，下体浅绿黄色。
　　虹膜褐色；喙黑色；脚黑色。
　　生态习性：栖息于有林开阔地甚至城镇，常光顾开花的矮丛及树木，如刺桐、合欢、羊蹄甲等。
　　分布：中国广布于长江以南地区，包括东南、华南及西南地区。国外分布区延伸至越南。

雄鸟/福建福州/姜克红

雌鸟/福建福州/郑建平

雄鸟/福建福州/曲利明

黑胸太阳鸟
Black-throated Sunbird

体长：14厘米
居留类型：留鸟

特征描述：体型略大的太阳鸟。雄鸟头顶、脸颊至额看似黑色，并有蓝色金属辉光，上背暗紫红色，翼近黑色，腰黄白色，尾羽延长似黑色但有金属蓝色辉光，喉黑色。喜马拉雅山和印度东北部的亚种胸黑灰色，渐变至腹部的灰白色，见于中国云南南部至华南的亚种下体多黄色，仅近喉部处有黑色纵纹。雌鸟甚小，周身橄榄色，上体色深而下体较多灰白色，腰黄白色。

虹膜褐色；喙黑色；脚深褐色。

生态习性：栖息于海拔300-1800米的丘陵和较低热带山林中，喜近水林地，常至溪流边的开花矮树丛。

分布：在中国为区域性常见留鸟，分布于西藏东南部、云南南部和东南部直到广西。国外分布于喜马拉雅山脉和印度，亦见于东南亚。

雌鸟/云南瑞丽/廖晓东

云南西双版纳/王昌大

1608

雄鸟/云南西双版纳/沈越

雌鸟/云南/杨华

黄腰太阳鸟
Crimson Sunbird

体长：13厘米
居留类型：留鸟

　　特征描述：体型中等的太阳鸟。雄鸟头顶至枕部辉绿色，具蓝紫色细长颊纹，头部余部至胸前和上背猩红色，翼近黑色而腰黄色，尾上覆羽和尾羽辉绿色，腹部深灰色。雌鸟上体暗橄榄绿色，喉至前胸灰色，而腹部至尾下覆羽染黄色。
　　虹膜色深；喙近黑色；脚偏蓝色。
　　生态习性：栖息于低地开阔树林或灌丛中，高可至海拔900米。花期时，单独、成对或小群光顾人工园林及森林边缘的刺桐、合欢等树木。
　　分布：中国常见留鸟于云南西部、南部至东南部以及广东南部。国外见于印度至菲律宾、苏拉威西岛、马来半岛及大巽他群岛。

雄鸟/云南西双版纳/沈越

雌鸟/云南西双版纳/沈越

雄鸟/云南西双版纳/沈越

火尾太阳鸟

Fire-tailed Sunbird

体长：20厘米　　居留类型：留鸟

特征描述：体型较大、色彩艳丽而尾特别长的太阳鸟。雄鸟红色，头顶金属蓝色，眼先和头侧黑色，喉及髭纹金属紫色，枕部至背部猩红色，翼橄榄绿色，腰黄色，尾羽猩红色，中央尾羽繁殖季节特别延长呈飘带状，胸具艳丽的橘黄色或红色块，下体余部艳黄色。雌鸟体型比雄鸟小许多，灰橄榄色，腰黄色，而尾羽红色，喉灰白色，下体略染黄色。

虹膜褐色；喙黑色；脚黑色。

生态习性：栖息于亚高山针叶林的林间空地上，开花季节取食于高山有花灌丛和树丛，秋冬季节从海拔高的区域下迁。

分布：中国分布于西南地区，包括西藏南部。国外见于喜马拉雅山脉、印度阿萨姆至缅甸。

甚似雌鸟，但体羽中间有红色/幼年雄鸟/云南/张明　　　　　　　　　　　　　　　　正在换羽的成年雄鸟/云南/张明

除花蜜外，火尾太阳鸟也捕食昆虫/雄鸟/西藏吉隆/肖克坚

火尾太阳鸟几乎是中国栖息海拔最高的太阳鸟/西藏吉隆/肖克坚

雄鸟/西藏/张永

长嘴捕蛛鸟

Little Spiderhunter

体长：15厘米
居留类型：留鸟

特征描述：体型略小的鸟类。喙极长而弯，有不甚明显且不闭合的灰白色眼圈，黑色颊纹也不甚明显，上体橄榄绿色，喉灰白色，下体艳黄色。全身无斑纹。

虹膜褐色；上喙黑色，下喙灰色；脚蓝紫色。

生态习性：为低地和丘陵森林中常见留鸟，可上至海拔2000米，依赖郁闭度较高的热带、亚热带森林的林下野芭蕉或姜科植物灌丛，也见于次生林、种植园和园林绿地的密丛中。

分布：中国分布至云南西部、南部和东南部。国外分布于印度至菲律宾、马来半岛及大巽他群岛。

云南西双版纳/肖克坚

极长的喙使得长嘴捕蛛鸟可以吸食到别的鸟类难以企及的花芯深处的花蜜/云南西双版纳/肖克坚

云南西双版纳/罗爱东

纹背捕蛛鸟
Streaked Spiderhunter

体长：19厘米　居留类型：留鸟

特征描述：体型较大、满布纵纹的捕蛛鸟。喙长而弯，头部至上体橄榄绿色，羽轴黑色，形成遍布身体各处的纵纹，飞羽橄榄绿色，下体黄白色，具黑色纵纹，腿艳橘黄色。

虹膜褐色；喙黑色；脚橘黄色。

生态习性：依赖丰茂的湿润热带森林下的植被，可上至中海拔山地的亚热带常绿林中。常见取食于芭蕉及大型姜科植物上，领域性强，在取食地常见追逐其他鸟类。

分布：中国常见于西藏东南部、云南西部及南部、贵州南部、广西西南部。国外分布于喜马拉雅山脉、印度东北部至东南亚。

云南/吴敏彦

云南瑞丽/董磊

云南/吴敏彦

云南那邦/沈越

云南/吴敏彦

黑顶麻雀
Saxaul Sparrow

体长：15厘米
居留类型：留鸟

特征描述：中等体型、头顶黑色的麻雀。雌雄异色，雄鸟头顶黑色延伸至颈背，过眼纹和颏黑色，眉纹和枕侧棕褐色，脸颊浅灰色，上体偏灰色，染褐色，有较多黑色纵纹。雌鸟颜色暗淡，但上背的偏黑色纵纹以及中覆羽和大覆羽的浅色羽端明显。产于新疆极西北部的雄鸟上背和背部纵纹较黑，产于其他地区个体的背、头侧及颈背黄褐色较重。

虹膜深褐色；雄鸟喙全黑色，雌鸟喙黄色而端黑色；脚粉褐色。

生态习性：多见于沙漠绿洲、河床、贫瘠山麓地带和灌丛生境，性甚惧生，冬季常与黑胸麻雀混群。

分布：中国常见于新疆，并沿昆仑山至甘肃西部（敦煌）、内蒙古西部及宁夏。国外分布于中亚至蒙古的干旱地带。

雄鸟/新疆哈密/沈越

雄鸟/新疆布尔津/肖克坚

雌鸟/新疆/张明

雄鸟/新疆/张明

家麻雀
House Sparrow

体长：15厘米　居留类型：留鸟、夏候鸟、冬候鸟

　　特征描述：中等体型、头顶灰色的麻雀。雌雄异色，雄鸟顶冠及尾上覆羽灰色，耳无黑色斑块，顶侧至枕侧为栗红色，脸白色或沾灰色，喉及上胸的黑色形成胸兜。雌鸟具浅色眉纹，整体色淡，耳后无黑色斑区别于全国各地最常见的树麻雀，较山麻雀雌鸟色淡，翼斑不如黑顶麻雀雌鸟的明显，且尾无叉，胸色较淡，上背两侧具皮黄色纵纹，胸侧具近黑色纵纹。分布在青藏高原至新疆的个体脸颊及下体白色，体型比指名亚种略大而胸部黑色较多。
　　虹膜褐色；喙黑色或草黄色，喙端色深；脚粉褐色。
　　生态习性：是地方性常见鸟类，见于农田、城镇和村庄，也见于贫瘠地区，如沙漠绿洲及高寒乡野地带。高可至海拔4600米，喜群栖，掠食谷物，也食昆虫及一些植物果实和茎、叶。在建筑物的洞穴或缝隙处用细树枝和草茎筑巢。
　　分布：中国见于新疆、青藏高原周边，包括横断山区北部，冬季南迁，成群的越冬鸟可见于四川盆地，偶见于云南甚至广西。国外分布于古北界及东半球，引种至美洲、非洲、新西兰、澳大利亚等地。在亚洲分布于俄罗斯、蒙古、阿富汗、印度，往东延伸至泰国、老挝，引种至新加坡。

雌鸟/新疆乌鲁木齐/王英永

家麻雀雄鸟的深色胸兜的大小色泽因个体而异/雄鸟/四川若尔盖/董磊

雄鸟/新疆阿勒泰/张国强

雄鸟/新疆石河子/徐捷

雌鸟/新疆阿勒泰/张国强

黑胸麻雀
Spanish Sparrow

体长：15.5厘米
居留类型：留鸟

特征描述：中等体型、头顶栗色而胸部黑色的麻雀。雌雄异色，雄鸟斑纹鲜明，头顶和颈背浓栗色，有白色眉纹，贯眼纹黑色，颏及上胸黑色，脸颊白色，上背及两胁密布黑色纵纹。雌鸟颜色淡，似家麻雀雌鸟但喙较大且眉纹较长，上背两侧色浅，胸及两胁具浅色纵纹。

虹膜深褐色；喙黑色或黄色；脚粉褐色。

生态习性：栖息于旷野及有树的田地间，在城镇栖于家麻雀不出现的生境，可与家麻雀混群。

分布：中国常见于新疆西北部喀什、天山及昆仑山地区的较低海拔处。国外不连续地分布于佛得角群岛、南欧、北非、中东、中亚。

雌鸟/新疆/王尧天

雄鸟/新疆库尔勒/肖克坚

雄鸟/新疆/王尧天

山麻雀
Russet Sparrow

体长：14厘米　居留类型：留鸟、夏候鸟

特征描述：体型略小、头顶栗色的麻雀。雌雄异色，雄鸟顶冠为栗色，脸颊污白色而颏黑色，上背栗褐色具纯黑色纵纹。雌鸟颜色较暗，具深色而宽的过眼纹及乳白色的长眉纹。

虹膜褐色；雄鸟喙灰色，雌鸟喙黄色而端色深；脚粉褐色。

生态习性：结群栖于开阔地、林地或近耕地的灌木丛中。也出现于家麻雀、树麻雀不出现的城镇及村庄里。

分布：中国常见留鸟或季候鸟于西藏东部和东南部至横断山区，也常见于华中、华南及东南大部分地区以及台湾岛山区，近年来在华北地区有夏候鸟记录。国外分布于喜马拉雅山脉。

雄鸟/陕西洋县/高川

雌鸟/台湾/吴崇汉

雄鸟/河南董寨/沈越

雄鸟/贵州遵义/肖克坚

在搜集巢材的雌鸟/贵州遵义/肖克坚

麻雀
Eurasian Tree Sparrow

体长：14厘米　居留类型：留鸟

特征描述：体型略小，头侧有黑色斑的麻雀。雌雄同色，顶冠及颈背褐色，脸污白色，成鸟在脸颊后部耳羽附近有显著的黑色斑，区别于其他可见于中国的所有麻雀。成鸟上体近褐色，有深色纵纹，颏黑色而下体皮黄灰色，颈背具完整的灰白色领环。幼鸟似成鸟，但脸颊后部黑色斑不明显，色较暗淡，喙基黄色。

虹膜深褐色；喙黑色；脚粉褐色。

生态习性：为分布最广、适应性最强的鸟类之一。近人栖居，喜城镇和乡村生境，活动于有稀疏树木的地区、村庄及农田，并能很好地适应城市环境，在各种建筑物的孔洞中筑巢，也常利用人工巢箱。

分布：中国广泛分布于各地区，包括海南岛及台湾岛，高可至中海拔地区。国外分布于欧洲、中东、中亚和东亚、喜马拉雅山脉及东南亚。

陕西洋县/高川

北京/杨华

江西南昌/王揽华

四川若尔盖/董磊

江西龙虎山/曲利明

北京／杨华

江西龙虎山/曲利明

石雀
Rock Sparrow

体长：15厘米
居留类型：留鸟

　　特征描述：中等体型、全身偏灰色具有黄色喉的麻雀。体型短圆，雌雄同色，头部具深色的侧冠纹，眉纹色浅，眼后有深色条纹。成鸟喉部具有鲜黄色斑，尾短而翼短宽。
　　虹膜深褐色；喙灰色，下喙基黄色；脚粉褐色。
　　生态习性：栖息于荒芜山丘及多岩的沟壑深谷地带，高可至海拔3000米，结大群栖居且常与家麻雀混群，于地面奔跑及并足跳动，飞行力强。
　　分布：中国常见于新疆西北部的天山和喀什地区、青海东部、甘肃、四川北部，东至北京及内蒙古东部。国外分布于古北界南部至中东、中亚和蒙古。

成鸟/新疆/吴世普

新疆/张明

育雏期间忙于搜集食物的亲鸟/新疆乌鲁木齐/夏咏

成鸟/四川若尔盖/董磊

白斑翅雪雀
White-winged Snowfinch

体长：17厘米　居留类型：留鸟

特征描述：体型略大、体显修长的雪雀。成鸟头部灰色，喉黑色，上体褐色而具纵纹，腹部灰色而两胁近褐色，翼及凹形尾多白色。幼鸟似成鸟，但头部黄褐色，白色部位沾沙色。
虹膜褐色；喙黑色，下喙基黄色而端黑色；脚黑色。
生态习性：栖息于高海拔的冰川与融雪间的多岩山坡上，繁殖期外结成大群，常与其他雪雀、岭雀混群，甚不惧生。
分布：中国常见于新疆阿尔泰山区和天山山区。国外片段化地分布于欧洲南部至中亚的高山地区。

成鸟/新疆/王尧天　　　　　　　　　　　　　　　　　　　　　幼鸟/青海/宋晔

成鸟（左）给幼鸟（右）喂食/新疆/王尧天

藏雪雀
Henri's Snowfinch

保护级别：IUCN：LC　　体长：17厘米　　居留类型：留鸟

特征描述：体型略大、体显修长的雪雀。成鸟头灰色，喉黑色，上体褐色而具纵纹，腹部皮黄色，翼及凹形尾多白色。幼鸟似成鸟，但头部皮黄褐色，浅色部位沾沙色。极似白斑翅雪雀，但整个下体色深，两胁褐色。

虹膜褐色；喙黑色，下喙基黄色或黄色而端黑色；脚黑色。

生态习性：栖息于高海拔的冰川与融雪间的多岩山坡上，繁殖期外结成大群，常与其他雪雀、岭雀混群，甚不惧生。

分布：中国鸟类特有种，常见于新疆天山、喀什和昆仑山，以及青海和西藏中部。

繁殖羽/青海/林剑声

非繁殖羽/西藏日喀则/邢睿

非繁殖羽/西藏日喀则/邢睿

1633

褐翅雪雀

Tibetan Snowfinch

体长：17厘米
居留类型：留鸟

　　特征描述： 体型较大、形长而显得敦实的雪雀。雌雄同色，甚似藏雪雀，但头及上体褐色较重，飞行及两翼合拢时翼上可见的白色较少，翼肩具近黑色的小点斑。

　　虹膜褐色；繁殖期喙黑色，其余季节喙黄色而端黑色；脚黑色。

　　生态习性： 常见于海拔3500-5200米的山地，在地面取食，常至村庄附近的耕地活动，冬季结成大群，求偶时炫耀飞行似蝴蝶。

　　分布： 在中国分布范围包括西藏西部、南部及东部，青海南部、东部和北部，四川西部，同时也见于新疆东南部，可能还出现于云南西北部。国外分布由克什米尔至喜马拉雅山脉。

繁殖期成鸟/青海茶卡/高川

繁殖期成鸟/青海茶卡/高川

刚出巢的幼鸟/西藏纳木错/董磊

繁殖期成鸟/四川卧龙/董磊

白腰雪雀
White-rumped Snowfinch

体长：17厘米
居留类型：留鸟

　　特征描述：体型略大、身型较修长、站姿挺立的灰色雪雀。雌雄同色，眼先黑色，上背有浓密的灰褐色杂斑。成鸟较其他雪雀色淡，腰具特征性的大块白色斑。幼鸟特征不明显，多沙褐色，腰无白色。
　　虹膜褐色；喙为角质色或黄色，喙端黑色；脚黑色。
　　生态习性：栖息于多裸岩的高原、高寒荒漠、草原及沼泽边缘，常见于海拔3800-4900米。炫耀飞行似百灵，也在地面作"敲击"式求偶炫耀。结小群栖息于鼠兔群集处，栖息、营巢均使用鼠兔洞，冬季成大群，飞行着陆时尾摇摆不停，甚惧生。
　　分布：中国鸟类特有种，分布于西藏、青海东部、甘肃西南部祁连山和阿尼玛卿山、四川北部和西部岷山，也见于新疆南部。

成鸟/西藏/张明

成鸟/四川/陈久桐

1636

成鸟/四川/陈久桐

成鸟/四川若尔盖/董磊

棕颈雪雀
Rufous-necked Snowfinch

体长：15厘米
居留类型：留鸟

特征描述：中等体型、脸部图纹鲜明的褐色雪雀。雌雄同色，成鸟眼先黑色，脸侧近白色，髭纹黑色，额和喉白色，颈背和颈侧较其他雪雀的栗色均重而艳，覆羽染棕色而羽端白色。幼鸟色较暗淡，但淡栗色的耳羽已可见。产于分布区东北部的个体，整体色浅，上体近灰色而略沾皮黄色。

虹膜褐色；成鸟喙黑色或偏粉色，幼鸟喙端深色；脚黑色。

生态习性：喜与鼠兔共栖，求偶时作精彩的俯冲飞行，甚不惧人，冬季与其他雪雀混群，夏季常见于海拔3800-5000米地带。

分布：中国分布于青藏高原，并向东、北方向延伸至西北部，包括青藏高原、喜马拉雅山脉北部、青海东南部、四川西部，以及昆仑山东部、阿尔金山至祁连山西部，辽宁曾有一次迷鸟记录。国外冬季边缘性地见于喜马拉雅山南麓。

成鸟/青海鄂拉山口/高川

成鸟/四川色达/肖克坚

成鸟/青海/张永

成鸟/四川色达/肖克坚

棕背雪雀

Blanford's Snowfinch

体长：15厘米　居留类型：留鸟

　　特征描述：中等体型、脸部黑白色分明的雪雀。雌雄同色，周身灰褐色，头部黑白色图案比较特别，成鸟眼先黑色，并有短小的黑色贯眼纹，额中心纹黑色，有一细黑纹上扬至眼上后方，两纹中间部分白色，形如上扬的特征性短角，眼后有短小的白色眉纹，脸颊白色，颏至胸兜形成黑色斑块，下体偏白色。幼鸟色暗且淡而少黑色。产于青海湖、祁连山、大通山的个体上体灰色较浓，无姜黄色调；产于新疆东南部至柴达木盆地的个体色淡，颈背两侧略沾黄色。

　　虹膜褐色；喙黑色；脚黑色。

　　生态习性：栖息于干旱多石而矮草丛生的平原地带，片段化分布，常见于海拔4200-5000米地带，冬季与其他雪雀结成大群。炫耀飞行时翼半僵举并在空中振翼，甚不惧人，于地面奔跑似鼠。

　　分布：中国分布于青藏高原并向北延伸，包括新疆喀喇昆仑山及西昆仑山、青海南部、西藏南部，新疆东南部至青海柴达木盆地西部，青海湖南部、祁连山及大通山。

青海/王英永

青海/王英永

青海/杨华

幼鸟/西藏定日/董磊

青海/王英永

黄胸织雀
Baya Weaver

体长：15厘米　居留类型：留鸟

　　特征描述：中等体型、顶冠金色的雀类。喙粗厚，头大尾短，雄鸟繁殖季节顶冠及颈背金黄色，脸黑色，上体深灰褐色，羽缘色浅，下体皮黄色。雌鸟头部无黄色及黑色斑纹，眉纹和胸茶黄褐色。

　　虹膜褐色；喙黑灰色至褐色；脚浅褐色。

　　生态习性：常见于低地及丘陵，高可至海拔1000米地带。在开阔地区以共有的营巢树为中心，营建起庞大的聚居性巢群，习性似纹胸织布鸟，但在云南南部地区，也常见松散小群营巢于电力设施上以求庇护。

　　分布：中国见于云南西部及南部低地，也有生活在香港野外，可能是逃逸鸟。国外分布于印度、马来半岛、苏门答腊、爪哇及巴厘岛。

雄鸟/云南盈江/肖克坚

雌鸟/云南盈江/肖克坚

黄胸织雀常集群营巢于大树树冠，有时甚至于电线上/云南盈江/肖克坚

红梅花雀
Red Avadavat

体长：10厘米　居留类型：留鸟

特征描述：体型较小、色彩明艳的雀类。雌雄异色，雄鸟绯红色，两胁、两翼及腰有均匀的白色小点斑，两翼及尾近黑色。雌鸟下体灰皮黄色，上背褐色或染灰绿色，腰红色，两翼及尾偏黑色，翼上有白色点斑。

虹膜褐色；喙红色；脚肉色。

生态习性：社群性鸟类，常结小群生活，栖息于灌丛、草地、耕作区、稻田及芦苇地，高至海拔1500米地带，飞行快，好动。

分布：中国边缘性地分布于云南南部和海南岛，广东有逃逸鸟形成野外群体。国外分布于巴基斯坦至东南亚，引种至马来半岛、苏门答腊、婆罗洲及菲律宾。

雌鸟/云南西双版纳/肖克坚

雄鸟/云南西双版纳/肖克坚

1643

白腰文鸟
White-rumped Munia

体长：10厘米
居留类型：留鸟

　　特征描述：中等体型、色深的文鸟。雌雄同色，上体深褐色，腰白色，具尖形的黑色尾，腹部黄白色，背上有白色纵纹，下体具皮黄色鳞状斑及细纹。亚成鸟体色较淡，腰皮黄色。
　　虹膜褐色；喙灰色；脚灰色。
　　生态习性：常见于低海拔山地的林缘、次生灌丛、农田及花园，高可至海拔1600米。性喧闹吵嚷，常结小群生活，习性似其他文鸟。
　　分布：中国见于南方大部分地区，包括台湾岛。国外分布于印度、东南亚。

四川唐家河国家级自然保护区/邓建新

福建福州/曲利明

贵州/张永

斑文鸟
Scaly-breasted Munia

体长：10厘米
居留类型：留鸟

　　特征描述：体型略小的文鸟。雌雄同色，上体褐色，羽轴白色而成纵纹，喉红褐色，下体白色，胸和两胁具深褐色鳞状斑。亚成鸟下体浓黄色而无鳞状斑。
　　虹膜红褐色；喙蓝灰色；脚灰黑色。
　　生态习性：常光顾耕地、稻田、花园及次生灌丛等环境的开阔多草地块，成对或与其他文鸟混成小群，具典型的文鸟摆尾习性且活泼好飞，高可至海拔2000米地带。
　　分布：中国见于西藏东南部，云南、华南及东南地区，包括海南岛和台湾岛。国外分布于印度、菲律宾、大巽他群岛及苏拉威西岛，引种至澳大利亚及其他地区。

尚未长出鳞状斑纹/幼鸟/江西南昌/王揽华

福建福州/张浩

成鸟和幼鸟（右）在地面拣食种子/福建武夷山/曲利明

栗腹文鸟
Chestnut Munia

体长：11.5厘米
居留类型：留鸟

特征描述：中等体型、栗色和黑色的文鸟。雌雄同色，喙粗厚，整个头部和臀黑色。亚成鸟全身污褐色。产于台湾岛的个体眉纹和脸侧偏褐色，颈背及头顶略灰色。

虹膜红色；喙蓝灰色；脚浅蓝色。

生态习性：结大群生活但不与其他鸟类混群，水稻成熟时有可能结群造访稻田，起落时振翼有声。

分布：中国在云南南部、华南及海南岛和台湾岛曾有记录。国外分布于印度至东南亚。

亚成鸟／云南西双版纳／王昌大

成鸟／台湾／林黄金莲

成鸟/台湾/林黄金莲

亚成鸟/云南西双版纳/王昌大

领岩鹨
Alpine Accentor

体长：17厘米　居留类型：留鸟

　　特征描述：体型较大、褐色、灰蓝色并具有纵纹的岩鹨。头及下体中央部位烟褐色，喉白色并有黑色点排列形成的斑块；初级飞羽褐色，羽缘棕色，双翼合拢后由棕色羽缘形成显著可见的翼缘，黑色大覆羽的白色羽端形成两道点状翼斑，两胁浓栗色而具纵纹，尾深褐色而端白色，尾下覆羽黑色并具有白色羽缘。亚成鸟下体褐灰色，具黑色纵纹。

　　虹膜深褐色；喙近黑色，下喙基黄色；脚红褐色。

　　生态习性：常见于林线以上的高山草甸、灌丛及裸岩地区，冬季出现在低地，一般单独或成对活动，极少成群，常立于突出的岩石上，飞行快速，波状起伏，甚不惧人。

　　分布：中国见于北部、中部、西部地区及台湾岛的高山地带。国外分布于古北界和喜马拉雅山脉。

台湾/张永

台湾/吴威宪

只有在冬季才能在北京郊区近山地带发现领岩鹨，颇不畏人/北京/沈越

四川卧龙/董磊

台湾/吴威宪

高原岩鹨
Altai Accentor

体长：16厘米
居留类型：留鸟

　　特征描述：中等体型、有较多纵纹的岩鹨。头灰色身褐色，头至上体甚似领岩鹨，但喉部白色，形成显著的斑块，其边缘黑色，体侧具排列成行的褐色点斑，下体具棕色、白色相间的纵纹，腹部中心乳白色。

　　虹膜偏红色；喙近黑色，下喙基黄色；脚暗黄色至橘黄色。

　　生态习性：栖息于海拔3500-5500米的多岩石的高山草甸中，结群活动，有时与其他岩鹨和岭雀混群。

　　分布：中国分布于新疆阿尔泰山、天山以及西藏南部和西部。国外分布于中亚至蒙古西北部、俄罗斯贝加尔湖以东地区，冬季见于阿富汗东部、印度西北部。

成鸟/新疆阿勒泰/张国强

新疆石河子/徐捷

成鸟/新疆天山/郭天成

幼鸟/新疆阿勒泰/张国强

鸲岩鹨
Robin Accentor

体长：16厘米
居留类型：留鸟

特征描述：中等体型并有纵纹的岩鹨。头部、喉近灰色，上体、两翼及尾烟褐色，上背具模糊的黑色纵纹，翼覆羽有狭窄的白色缘，具两道翼斑，胸栗褐色，与白色的下体形成鲜明对比，喉、胸之间有狭窄的黑色领环。

虹膜红褐色；喙近黑色；脚暗红褐色。

生态习性：栖息于海拔3600~4900米的草甸及杜鹃丛和柳树灌丛中。具本属的典型特性，不甚畏人。

分布：中国见于青海北部及东部，甘肃、四川西部及西藏南部。国外分布于喜马拉雅山脉周边国家。

西藏/张明

西藏/张永

四川雅江/肖克坚

棕胸岩鹨
Rufous-breasted Accentor

体长：16厘米　　居留类型：留鸟

　　特征描述：中等体型并具纵纹的岩鹨。顶冠灰色，眉纹从眼先延伸至脸颊后部，前细而后宽，由白色变至黄褐色，眉纹上缘有细黑色线，脸近黑色，有白色颊纹，下缘有黑色线，上背具多条纵纹，黄褐色的胸带与白色的喉部和污白色而带深色纵纹的下体形成对比。
　　虹膜浅褐色；喙黑色；脚暗黄色。
　　生态习性：栖息于海拔2400~4300米的高山或高原地区，喜高山森林及林线以上的灌丛，常立于灌木高处，冬季往较低处迁移。
　　分布：中国见于西藏南部及东南部、青海、甘肃、陕西秦岭、四川西部、云南西北部。国外分布于阿富汗东部、喜马拉雅山脉、缅甸东北部。

成鸟/四川康定/董磊

幼鸟/青海/张永

成鸟/四川雅江/沈越

成鸟/四川理县/董磊

成鸟/四川康定/董磊

棕眉山岩鹨
Siberian Accentor

体长：15厘米
居留类型：夏候鸟、冬候鸟

特征描述：体型略小的暖褐色岩鹨。头顶及头侧近黑色，眉纹和喉部橙皮黄色，眼先至脸颊黑色，颈部灰色，上体暖褐色并有浅色细纵纹，下体皮黄色，两胁有稀疏纵纹。

虹膜黄色；喙角质色；脚暗黄色。

生态习性：栖息于森林及林下植被和灌丛中，越冬期也多在林地灌丛中活动。

分布：中国越冬于华北和东北，也见于青海、四川北部至安徽、山东和江苏。国外繁殖于俄罗斯西伯利亚、朝鲜半岛至日本，偶见于阿拉斯加及欧洲。

棕眉山岩鹨是北京的冬季访客/北京怀沙河/沈越

北京/李锦昌

褐岩鹨
Brown Accentor

体长：15厘米　　居留类型：留鸟、夏候鸟、冬候鸟

特征描述：体型略小并具暗黑色纵纹的岩鹨。头顶深色，往颈部渐浅，白色的眉纹粗，眼先至整个脸颊黑色，颈部灰色，上体褐灰色而有较多粗纵纹，喉白色，胸及两胁沾粉皮黄色，下体白色。

虹膜浅褐色；喙近黑色；脚浅红褐色。

生态习性：喜开阔有灌丛至几乎没有植被的高山山坡和碎石带。

分布：中国见于西北及西藏西部，从新疆罗布泊、青海至甘肃南部，也有记录见于内蒙古的额尔古纳河、宁夏、甘肃南部、四川至西藏南部及东南部。国外分布于中亚、阿富汗、喜马拉雅山脉、俄罗斯西伯利亚南部及外贝加尔地区。

成鸟/西藏/张永

成鸟/西藏然乌/董磊

幼鸟/西藏/张明

黑喉岩鹨

Black-throated Accentor

体长：15厘米
居留类型：夏候鸟、冬候鸟

　　特征描述：体型略小、头部深色的褐色岩鹨。顶冠褐色或灰色，眉纹白色而粗重，头侧及喉黑色，髭纹白色而细，第一冬的鸟髭纹沾黄色而喉部为污白色，上体余部褐色而具模糊的暗黑色纵纹，下体胸部和两胁偏粉色，至臀部近白色。
　　虹膜浅褐色；喙黑色；脚暗黄色。
　　生态习性：栖于高海拔山地森林周边的灌木丛中。冬季南迁至较低处。
　　分布：中国繁殖于西北部高至海拔3000米的山区，冬季有记录见于天山西部。国外分布于乌拉尔山至土耳其，越冬至伊朗、印度西北部和喜马拉雅山脉。

新疆/张永

新疆阿勒泰/张国强

1660

新疆阿勒泰/张国强

成鸟（左）与第一冬幼鸟（右）/新疆阿勒泰/张国强

贺兰山岩鹨

Mongolian Accentor

体长：15厘米　居留类型：留鸟

特征描述：中等体型，上体褐色而下体浅色的岩鹨。头部至上体皮黄褐色而具模糊的深色纵纹，脸沾锈色，并具较宽的浅褐色半领环，喉部灰白色，两胁略具纵纹，下体皮黄色或白色，尾及两翼褐色，边缘皮黄色，覆羽的羽端白色，形成浅色点状翼斑。

虹膜褐色；喙近黑色；脚偏粉色。

生态习性：偶见于干旱山区及半荒漠的开阔灌丛中。

分布：中国冬季见于贺兰山及宁夏的中卫附近。国外分布于蒙古。

内蒙古阿拉善左旗/林剑声

内蒙古阿拉善左旗/王志芳

冬季，多种岩鹨都下至低海拔地区的开阔生境，这时才是观察的好时机/内蒙古阿拉善左旗/王志芳

栗背岩鹨
Maroon-backed Accentor

体长：16厘米　居留类型：留鸟、垂直迁徙鸟

特征描述：体型较小、全身灰色、棕色及栗褐色并无纵纹的岩鹨。额部羽毛具浅色边缘，远看近白色，整个头部至上胸为灰色，眼先颜色较深，眼色甚浅，两胁及下腹部染棕色，臀部栗褐色，下背及次级飞羽绛紫色。

虹膜白色；喙角质色；脚暗橘黄色。

生态习性：通常单个活动，栖息于海拔2000-4000米山地的针叶林下植被中，具有垂直迁徙习性。冬季觅食于较开阔的灌丛。

分布：中国繁殖于西藏东南部、青海南部、甘肃南部、四川北部和西部以及云南西北部，冬季见于四川盆地和云南中南部。国外分布于喜马拉雅山脉东部、缅甸北部。

西藏山南/李锦昌

栗背岩鹨通常单个活动于林下地面/四川都江堰/董磊

1663

山鹡鸰
Forest Wagtail

体长：18厘米
居留类型：夏候鸟、旅鸟、冬候鸟

　　特征描述：中等体型、身体呈褐色和黑白色的鹡鸰。眉纹白色，上体灰褐色，两翼具黑白色的翅斑，下体白色，胸上具两道黑色的横斑纹，较下的一道横纹有时不完整。
　　虹膜灰色；喙角质褐色，下喙色较淡；脚偏粉色。
　　生态习性：单独或成对在开阔森林下面穿行。尾轻轻往两侧摆动，不似其他鹡鸰尾上下摆动，受惊时作波状低飞，仅至前方几米处停下，也常停栖于树上。
　　分布：中国繁殖于东北、华北、华东和华中地区，秋冬季节南迁至华南、东南、西南及至西藏东南部。国外繁殖于亚洲东部，冬季南移至印度、东南亚越冬。

湖北武汉/董磊

河南董寨/沈越

西黄鹡鸰
Western Yellow Wagtail

体长：18厘米
居留类型：夏候鸟、旅鸟

特征描述：中等体型的鹡鸰。成鸟背部橄榄绿色或橄榄褐色，尾较短，飞行时无白色翼纹，腰黄色。头部颜色因亚种各异：*leucocephala*头顶及头侧白色；*feldegg*头顶、颈背及头侧黑色；*beema*头顶灰色并具白色眉纹，但耳羽浅色。非繁殖期体羽褐色较重，但在北迁途中已恢复繁殖期羽色。雌鸟和亚成鸟无黄色的臀部，亚成鸟腹部白色，体色纯而不同于鹨类。

虹膜褐色；喙褐色；脚褐色至黑色。

生态习性：喜稻田、沼泽边缘及近水的矮草地，常结成大群，迁徙期间也集群活动。

分布：中国亚种*leucocephala*繁殖于西北地区，越冬在喀什；亚种*feldegg*繁殖于新疆天山和塔尔巴哈台山；亚种*beema*繁殖于新疆北部青河和福海，迁徙时也见于西藏南部。国外繁殖于欧洲至中亚，南迁至南亚越冬。

西黄鹡鸰：*leucocephalus*亚种/新疆/张明

西黄鹡鸰：*feldegg*亚种/新疆石河子/沈越

黄鹡鸰
Eastern Yellow Wagtail

体长：18厘米　　居留类型：夏候鸟、旅鸟、冬候鸟

特征描述：中等体型、腹部黄色的鹡鸰。成鸟背部橄榄绿色或橄榄褐色，尾较短，飞行时无白色翼纹，腰黄色。头部纹样因亚种各异：较常见的亚种*simillima*雄鸟头顶灰色，眉纹及喉白色；*taivana*头顶橄榄色与背同，眉纹及喉黄色；*tchutschensis*头顶及颈背深蓝灰色，眉纹及喉白色；*macronyx*头灰色，无眉纹，颏白色而喉黄色；三四月北迁途中即可恢复繁殖期体羽。雌鸟及亚成鸟无黄色的臀部，亚成鸟上体褐灰色而腹部白色。

虹膜褐色；喙褐色；脚褐色至黑色。

生态习性：同西黄鹡鸰。

分布：在中国亚种*tschuschensis*迁徙时见于东部省份；*simillima*迁徙时经过台湾岛；*macronyx*繁殖于北方及东北，越冬在东南地区及海南岛；*taivana*迁徙时经过东部，越冬在东南部、台湾岛及海南岛。国外繁殖于西伯利亚及阿拉斯加，秋冬季节南迁至印度、东南亚、新几内亚及澳大利亚越冬。

*simillima*亚种/辽宁盘锦/沈越

*taivana*亚种/黑龙江/张永

上海浦东/Craig Brelsford大山雀

*taivana*亚种/福建莆田/曲利明

*taivana*亚种/福建莆田/曲利明

*taivana*亚种/福建莆田/曲利明

*taivana*亚种/福建莆田/曲利明

黄头鹡鸰

Citrine Wagtail

体长：18厘米　居留类型：夏候鸟、旅鸟、冬候鸟

　　特征描述：体型略小、头部黄色的鹡鸰。雄鸟头部和下体艳黄色。雌鸟头顶灰色，黄色眉纹与脸颊后缘、下缘黄色汇合成环，脸颊中间深灰色，或沾些许黄色。诸亚种上体的颜色不一；亚种*citreola*背及两翼灰色；*werae*背部灰色较淡；*calcarata*背及两翼黑色。具两道白色翼斑，与黄鹡鸰的区别在于背灰色。亚成鸟体羽暗淡白色，脸颊纹样如雌鸟，以此区别于黄鹡鸰幼鸟。

　　虹膜深褐色；喙黑色；脚近黑色。

　　生态习性：夏季喜栖息于沼泽草甸、苔原带及柳树丛中，越冬于近水草地或者稻田间，有时结成非常大的群体。

　　分布：在中国分布广泛，亚种*werae*繁殖于西北至塔里木盆地的北部；*citreola*繁殖于华北及东北，冬季迁至华南和西南；*calcarata*繁殖于中西部及青藏高原，冬季迁至西藏东南部及云南。各亚种冬季在云贵高原周围都有大量群体存在。国外繁殖于中东北部、俄罗斯、中亚、印度西北部，越冬至印度及东南亚。

*werae*亚种/雄鸟/新疆石河子/沈越

*werae*亚种/雄鸟/新疆石河子/沈越

*calcarata*亚种/雄鸟/青海茶卡/高川

*werae*亚种/雄鸟/新疆阿勒泰/张国强

*calcarate*亚种/雄鸟/四川若尔盖/董磊

灰鹡鸰
Grey Wagtail

体长：19厘米
居留类型：夏候鸟、旅鸟、冬候鸟、留鸟

　　特征描述：中等体型、偏灰色的鹡鸰。头灰色，细眉纹白色，颊纹白色而有灰色下缘，上背灰色，飞行时白色翼斑和黄色的腰显现，且尾较长。繁殖期雄鸟喉部变黑色，下体黄色，有时仅喉至上胸黄色，尾下覆羽黄色而下体其余部分白色。

　　虹膜褐色；喙黑褐色；脚粉灰色。

　　生态习性：夏季多栖息于山地溪流周围，秋冬季节常见于低地至山地湿润生境，常光顾多岩溪流并在潮湿砾石或沙地上觅食，也在高山草甸上活动。

　　分布：中国繁殖于天山西部、西北、华北、东北至华中的山地，在台湾岛山区也有繁殖，越冬在西南、长江中游、华南、东南以及海南岛和台湾岛。国外繁殖于欧洲至西伯利亚及阿拉斯加，南迁至非洲、印度、东南亚至新几内亚和澳大利亚越冬。

繁殖羽/陕西洋县/高川

繁殖羽/黑龙江/张永

非繁殖羽/福建福州/曲利明

灰鹡鸰繁殖季节仅见于山溪边，非繁殖季节见于各类生境/ 四川唐家河国家级保护区/黄徐

白鹡鸰
White Wagtail

体长：20厘米　　居留类型：夏候鸟、旅鸟、冬候鸟、留鸟

特征描述：中等体型、全身黑白色为主的鹡鸰。上体体羽灰色或黑色，下体白色，两翼及尾黑白色相间，头后、颈背及胸部具黑色斑纹，头部及背部黑色的多少和纹样随亚种而异。亚种*dukhunensis*及*ocularis*的额及喉黑色，亚种*baicalensis*额及喉灰色，其余白色；亚种*ocularis*有黑色贯眼纹；亚种*leucopsis*顶冠黑色而脸颊至喉部全白色，有黑色胸兜，繁殖季节胸兜延展，非繁殖季节成一胸带；亚种*alboides*头全黑色仅前额、眉纹、眼周白色，上体黑色，覆羽及飞羽白色但有时染黑色；亚种*personata*头似*alboides*，但上体灰色；亚种*lugens*顶冠黑色，脸白色，贯眼纹黑色，上体黑色，覆羽白色但羽轴黑色。雌鸟似雄鸟但颜色较暗。亚成鸟体羽灰色取代成鸟的黑色。

虹膜褐色；喙黑色；脚黑色。

生态习性：生境多样，常栖于近水的开阔地带、稻田、溪流边及道路上，受惊扰时飞行骤降并发出示警叫声。

分布：中国亚种*personata*繁殖于西北地区；*baicalensis*繁殖于东北；*dukhunensis*迁徙时记录见于西北；*ocularis*越冬于南方，包括海南岛及台湾岛；*alboides*繁殖于四川、云南、西藏东南部的山区。各亚种混群越冬于云南湖盆坝区。国外分布于欧亚大陆及北非、东亚，南迁至东南亚越冬。

*leucopsis*亚种/福建福州/曲利明

*personata*亚种/新疆克拉玛依/赵勃

*leucopsis*亚种/福建福州/曲利明

*personata*亚种/新疆/张永

*leucopsis*亚种/福建福州/张浩

理氏鹨
Richard's Pipit

体长：18厘米　居留类型：夏候鸟、旅鸟、冬候鸟、留鸟

特征描述：体型较大、站姿挺拔的鹨。眉纹浅皮黄色，上体沙黄色而多具褐色纵纹，下体皮黄色至白色，胸具深色纵纹。
虹膜褐色；上喙褐色，下喙带黄色；脚黄褐色，后爪长而直，呈明显肉色。
生态习性：喜栖息于开阔的矮草草原、草地，包括沿海或山区草甸、火烧过的草地及收割并放水后的稻田，单独或成小群活动，飞行呈波状，每次起飞均发出粗涩的单音叫声，求偶时节在草地上空悬停鸣叫，形如云雀。
分布：中国繁殖于华北和华东，冬季南迁至华南。国外繁殖于蒙古及西伯利亚，冬季南迁至东南亚。

江西/曲利明

江西/曲利明

台湾/林月云

西藏/张明

福建福州/张浩

田鹨
Paddyfield Pipit

体长：16厘米　居留类型：留鸟

特征描述：体型略大、站势较高的鹨类。喙较理氏鹨细，体型较小而尾短，胸和胁部点斑甚为细小稀疏，腿及后爪较短。
虹膜褐色；上喙黑褐色而下喙黄色；脚粉红色。
生态习性：见于稻田和草地，常急速于地面奔跑，进食时尾摇动。
分布：中国常见于四川南部及云南河谷、坝区开阔低地，越冬至广西和广东。国外分布于印度至东南亚。

云南瑞丽/董磊

云南瑞丽/廖晓东

云南西双版纳/沈越

布氏鹨
Blyth's Pipit

体长：18厘米
居留类型：夏候鸟、旅鸟、冬候鸟

青海海南/李锦昌

特征描述：体型较大、身姿平、身型敦实的鹨类。甚似理氏鹨、田鹨及亚成体的平原鹨。色褐黄，胸腹部略具纵纹。较理氏鹨体小而紧凑，尾较短，腿及后爪较短且后爪弯曲，喙较短而尖利，上体纵纹较多，下体常为较单一的皮黄色，中覆羽羽端较宽而成清晰的翼斑。与田鹨的区别在于叫声不同，体型较大，中覆羽的斑纹不同且上体多纵纹。脚比田鹨或理氏鹨短，比平原鹨的亚成鸟眼先颜色较淡且翼长。

虹膜深褐色；上喙褐色而下喙肉色；脚偏黄色。

生态习性：喜旷野、湖岸及干旱平原，繁殖季节常在矮草地上空振翅悬停，鸣叫似云雀。

分布：中国繁殖于大兴安岭西侧经内蒙古至青海和宁夏，南迁至西藏东南部、四川及贵州越冬，有迷鸟记录见于香港，可能也见于华南其他地区。国外见于蒙古、俄罗斯的西伯利亚和外贝加尔地区，越冬至东南亚和印度。

注意布氏鹨的后趾爪，与理氏鹨长而直的后趾爪颇不同/内蒙古达里诺尔/沈越

平原鹨
Tawny Pipit

体长：18厘米　　居留类型：夏候鸟

　　特征描述：体型较大、色浅而体型敦实的鹨类。外形甚似理氏鹨，但体型比理氏鹨略小，身体显得短而圆，腿较短，姿势较平，上体沙灰色，纵纹不明显。成鸟下体浅皮黄色，几无细纹，后爪较理氏鹨较短而弯曲，且跗蹠也较短，似田鹨，但色调偏灰白色，尾较长。
　　虹膜深褐色；喙偏粉色；脚浅黄色。
　　生态习性：栖息于干旱的开阔地及田野。
　　分布：中国繁殖于新疆西北部及西部，冬季南迁。国外分布于欧洲至亚洲西南部、伊朗，越冬于北非、阿拉伯半岛、阿富汗、印度西北部。

新疆/吴世普　　　　　　　　　　　　　　　　　　　　　　　　　　　　　新疆阿勒泰/张国强

新疆阿勒泰/张国强

1678

草地鹨
Meadow Pipit

体长：15厘米
居留类型：夏候鸟

新疆阿勒泰/张国强

特征描述：中等体型的橄榄褐色鹨类。喙细，眉纹短，颊纹不显，无浅色耳羽，头顶具黑色细纹，背部具粗纹，但腰无纵纹，下体皮黄色，前端具褐色纵纹，尾褐色，外侧尾羽近端有白色宽边，外侧第二枚尾羽羽端白色。较林鹨的胸部纵纹稀疏，但两胁纵纹浓密，比粉红胸鹨缺少白色眉纹和粗重翼斑。

虹膜褐色；喙角质色；脚偏粉色。

生态习性：栖息于草地及多石的半荒漠地带。在地面走动时身姿平，常结群活动。

分布：中国见于天山西部、新疆西北部。国外繁殖于古北界的西部，越冬至北非、中东至土耳其。

新疆阿勒泰/张国强

林鹨
Tree Pipit

体长：16厘米
居留类型：夏候鸟

特征描述：中等体型、身体呈淡黄褐色或灰褐色的鹨类。喙短，头及上背布满黑色纵纹，下体皮黄色，胸多纵纹并有时延伸至胁部，爪短而弯曲，脸部眉纹、耳点不如树鹨清晰，比树鹨褐色浓而无绿色，背部纵纹较浓密，外侧第二枚尾羽内翈有一小三角形白色斑。

虹膜褐色；上喙褐色，下喙粉红色；脚偏粉色。

生态习性：喜林缘多草和多矮树的栖息生境。

分布：中国繁殖于新疆西北部、天山西部的山地，也曾有迷鸟记录见于广西。国外分布于欧洲至贝加尔湖及喜马拉雅山脉西部，越冬在非洲、地中海及印度。

新疆阿勒泰/张国强

新疆阿勒泰/张国强

树鹨
Olive-backed Pipit

体长：15厘米　　居留类型：旅鸟、夏候鸟、冬候鸟

特征描述：中等体型、橄榄色林栖鹨类。眉纹白色而粗长，耳附近有黄白色的羽斑，上体橄榄绿色，纵纹较少，喉及两胁皮黄色，胸部及两胁黑色纵纹浓密。繁殖期在秦岭至横断山的个体上体和胸、腹部纵纹较为稀疏，前额至眼先和脸颊前部染黄色。

虹膜褐色；上喙角质色，下喙偏粉色；脚粉红色。

生态习性：夏季常见于开阔林区，高可至海拔4000米地带。迁徙季节见于各种有林生境。比其他鹨类更喜有林的栖息生境，常结小群或单个在开阔的林下地面行走，受惊扰时群鸟飞起而落于树上，繁殖季节雄鸟常立于树木尖端并发出啭鸣声求偶。

分布：中国繁殖于东北、喜马拉雅山脉以及秦岭至横断山区，越冬在东南、华中、华南、台湾岛和海南岛，也大量越冬于云南。国外繁殖于东亚及喜马拉雅山南坡，冬季迁至印度、东南亚。

在繁殖季节树鹨脸部会染黄色/北京/沈越

福建/曲利明

福建/张永

北鹨

Pechora Pipit

体长：15厘米
居留类型：留鸟、旅鸟、冬候鸟

　　特征描述：中等体型、褐色且条纹甚多的鹨类。似树鹨，但无橄榄绿色，褐色浓重，白色眉纹较短，黑色的髭纹显著，背部白色纵纹成两个"V"字形，间以黑褐色粗纵纹。与红喉鹨的区别在于背部和翼具白色横斑，腹部色较白，且尾无白色边缘，下喙颜色亦不同。

　　虹膜褐色；上喙角质色，下喙粉红色；脚粉红色。

　　生态习性：喜开阔湿润的多草地区及沿海森林，有时落在树上。

　　分布：中国繁殖于黑龙江东北部，迁徙经华北和华东沿海，冬季见于香港，在华南沿海可能有越冬鸟。国外繁殖于东北亚，冬季南迁至东南亚。

江苏盐城/孙华金

香港/李锦昌

1682

粉红胸鹨
Rosy Pipit

体长：15厘米　　居留类型：旅鸟、夏候鸟、冬候鸟

特征描述：中等体型、纵纹较多的鹨类。身体偏灰色或染橄榄色，非繁殖羽头顶灰色，眉纹皮黄色，显著而长，脸颊后部具有浅色耳羽，背部灰色或染橄榄绿色而具黑色粗纵纹，下体白色，胸及两胁具浓密的黑色点斑或纵纹。繁殖羽眉纹粉红色，下体粉红色而几无纵纹，小翼羽柠檬黄色。

虹膜褐色；喙灰色；脚偏粉色。

生态习性：繁殖季节常见于海拔2700-4400米的高山草甸及多草的高原上，但由于偏远而甚少观鸟者见过其繁殖羽色。越冬下至低地，见于各种水滨矮草地和收割后的稻田间。喜栖息于湿润草地，通常藏隐于近溪流处。

分布：中国繁殖区范围从新疆西部的青藏高原边缘向东延伸至山西及河北，南及四川、湖北甚至华东、华南的高地，冬候鸟见于西藏东南部、云南，曾有迷鸟记录见于海南岛。国外分布于喜马拉雅山脉，越冬至东南亚北部和印度北部的平原地带。

繁殖羽/西藏/张永

繁殖羽/四川青川/董磊

四川卧龙/董磊

红喉鹨

Red-throated Pipit

体长：15厘米　居留类型：旅鸟、冬候鸟

特征描述：中等体型的褐色鹨类。以喙色区别于形似的树鹨和北鹨，上体褐色较重，腰部多纵纹并具黑色斑块。非繁殖期颏白色而胸部较多粗黑色纵纹，腹部粉黄色，背部和翼无白色横斑，不同于北鹨。繁殖羽前额、脸颊、颏、喉部和上胸尽染红色。

虹膜褐色；喙角质色，基部黄色；脚肉色。

生态习性：越冬或迁徙停歇期间喜湿润的耕作区，包括稻田。

分布：中国在东部是不罕见的候鸟，迁徙经北方、华东、华中至长江以南地区，并于海南岛和台湾岛越冬，在云南南部坝区盆地也有越冬群体。国外繁殖于古北区北部，迁徙至非洲、印度北部、东南亚越冬。

非繁殖羽/黑龙江/张永

繁殖羽/北京沙河/沈越

繁殖羽/江西/曲利明

繁殖羽/北京沙河/沈越

黄腹鹨
Buff-bellied Pipit

体长：15厘米　居留类型：旅鸟、冬候鸟

特征描述：体型略小、满布纵纹的鹨类。非繁殖期全身橄榄褐色，喙黑色，眉纹短小，上体深灰色并染橄榄褐，下体底白色，胸及两胁纵纹浓密，颈侧具近黑色的块斑，初级飞羽和次级飞羽羽缘白色。繁殖期下体皮黄色，纵纹稀少，颈侧近黑色三角形斑块仍然可见但明显缩小。

虹膜褐色；喙上喙角质色，下喙偏粉色；脚暗黄色。

生态习性：冬季喜沿着水滨湿润滩涂、草地及收割后的稻田活动，甚为耐寒。

分布：中国见于东北至云南及长江流域。国外繁殖于古北界东部至新北界西部，即东北亚和北美洲，南迁越冬。

非繁殖羽/江西龙虎山/曲利明

非繁殖羽/北京野鸭湖/沈越

非繁殖羽/江西龙虎山/曲利明

四川绵阳/董磊

水鹨
Water Pipit

体长：17厘米
居留类型：夏候鸟、旅鸟、冬候鸟

　　特征描述：中等体型，非繁殖羽以灰白色为主并具纵纹的鹨类。非繁殖期头灰色，喙黑色，白色眉纹甚短，上体浅灰色而具有不甚清晰的纵纹，下体白色，仅有少量黑色细纹，外侧尾羽白色，后脚爪甚长而直，繁殖期喉部至胸部及眉纹沾葡萄红色，下体白色，两胁部分有少量黑色点斑和条纹。

　　虹膜色深；喙、脚均黑色或者脚染深褐色。

　　生态习性：常在地面行走觅食，喜近水湿润草地或漫滩，冬季常见单个或结小群活动于水滨，有时走进浅水觅食，甚为耐寒。

　　分布：中国繁殖于新疆、青海、甘肃等地的中高海拔地区，在华北、华东、华中、西南地区越冬。国外繁殖于整个欧亚大陆北部，南迁至东南亚北部、印度次大陆、中东和北非越冬。

非繁殖羽/江西/曲利明

非繁殖羽/北京怀柔/沈越

亲鸟（左）在给幼鸟（右）喂食/新疆伊犁/赵勃

非繁殖羽/内蒙古阿拉善左旗/王志芳

山鹨
Upland Pipit

体长：17厘米
居留类型：留鸟

　　特征描述：体型较大、身体浓棕黄色而具褐色纵纹的鹨类。喙较短而粗，眉纹白色，上体褐色较浓，下体纵纹范围较大，后爪较短，下体纵纹由倒"v"字形细纹组成，尾羽窄而尖，小翼羽浅黄色。

　　虹膜褐色；喙偏粉色；脚偏粉色。

　　生态习性：栖息于高地丘陵多草并有矮树的地带，单独或成对活动，尾常极力弹动而非摆动。

　　分布：中国见于四川、云南及长江以南地区。国外分布于阿富汗和巴基斯坦山区至喜马拉雅山脉。

福建福安／郑建平

福建福安／郑建平

朱鹀

Pink-tailed Rosefinch

体长：16厘米　　居留类型：留鸟

特征描述：中等体型、略似长尾雀的鹀类。繁殖期雄鸟的眉线、喉、胸及尾羽的羽缘粉色，上体具褐色斑驳，尾甚长而凸。雌鸟胸部皮黄色而具深色纵纹，尾基部浅粉橙色，尾长似长尾雀，但长尾雀的喙粗短，具两道翼斑，且外侧尾羽白色。

虹膜深褐色；喙细小，角质色或偏粉色；脚灰色。

生态习性：栖息于海拔3000-5000米山地的灌丛及密丛中，单独、成对或结小群活动，飞行弱而振翼多。

分布：中国鸟类特有种，分布于青海、甘肃、四川北部及西部、西藏东部地区。

雌鸟/新疆/吴世普

雌鸟/青海海南/李锦昌

雄鸟/新疆/吴世普

苍头燕雀
Eurasian Chaffinch

体长：16厘米
居留类型：夏候鸟、冬候鸟

　　特征描述：中等体型、色彩鲜明的雀类。繁殖期雄鸟顶冠和颈背青灰色，上背栗色，脸、胸至腹部栗红色，具醒目的白色肩块和翼斑。雌鸟和幼鸟色暗而多灰色，也有白色的肩块和翼斑。与燕雀的区别在顶冠颜色，腰偏绿色，肩纹色较白，且鸣声婉转多变。

　　虹膜褐色；喙雄鸟灰色，雌鸟角质色；脚粉褐色。

　　生态习性：成对或结群栖息于落叶林、混交林的林缘及次生灌丛中，与其他雀类混群，常于地面取食。

　　分布：中国繁殖于新疆阿尔泰山和天山，冬季见于内蒙古、宁夏、河北及辽宁等地。国外分布于欧洲、北非至西亚、中亚。

雄鸟/新疆福海/吴世普

雄鸟/新疆布尔津/沈越

雌鸟/新疆/张明

雄鸟/新疆阿勒泰/张国强

雄鸟/新疆/张永

燕雀
Brambling

体长：16厘米　居留类型：留鸟

特征描述：中等体型、斑纹分明的雀类。繁殖期雄鸟头部和颈背黑色，背部近黑色；有醒目的白色肩斑和棕色的翼斑，且初级飞羽基部具白色点斑，胸部染棕色，腹部白色，两翼和叉形的尾黑色。非繁殖期雄鸟与繁殖期雌鸟相似，但头部图纹明显为褐色、灰色及近黑色。雌鸟头部灰色，头顶及后枕中央有一深色纵纹。雌雄鸟腰均为白色。

虹膜褐色；喙黄色而端黑色；脚粉褐色。

生态习性：栖息于落叶混交林、针叶林及阔叶林中，也见于灌丛、行道树、公园、绿地和城镇等多种生境，喜跳跃和波状飞行，成对或小群活动，于地面或树上取食，似苍头燕雀。在相同地点每隔数年会有爆发性的增长，届时能见到上万甚至于数十万的个体结群夜栖于树林中。

分布：中国见于东半部和西北部的天山、青海西部，越冬于南方地区，包括云南。国外分布于古北区北部。

雄鸟（非繁殖期）/新疆阿勒泰/张国强

雄鸟（非繁殖羽）/福建南平/高川

雄鸟（非繁殖羽）/北京/沈越

雄鸟（繁殖羽）/北京/杨华

燕雀冬季往往形成很大的群体/江西婺源/曲利明

向繁殖羽转换中的雄鸟/新疆阿勒泰/张国强

金额丝雀

Fire-fronted Serin

体长：13厘米
居留类型：留鸟

　　特征描述：体型较小、褐色斑驳的雀类。喙甚短小而呈圆锥形，雄雌同色，体羽在繁殖期更为亮丽，头近黑色，额至顶冠有鲜红色块斑。幼鸟似成鸟，但头色较淡，额及脸颊暗棕色，顶冠及颈背具深色纵纹，尾叉形。
　　虹膜深褐色；喙灰色；腿深褐色。
　　生态习性：栖于海拔2000-4600米山地的低矮林带或有矮小灌丛的裸岩山坡上，飞行时振翼迅速并间有骤然的起伏，多在地面取食。
　　分布：中国见于新疆极西部、西北部以及西藏西北部。国外分布于土耳其至中亚、喜马拉雅山脉。

新疆/郑建平

新疆/郑建平

幼鸟（左）与成鸟（右）/新疆/郑建平

幼鸟（左）与成鸟（右）/新疆阿勒泰/张国强

藏黄雀
Tibetan Serin

体长：12厘米
居留类型：留鸟

　　特征描述：体型较小的黄绿色雀类。喙纤细而端尖；繁殖期雄鸟上体纯橄榄绿色，眉纹、腰及腹部明黄色。雌鸟暗绿色，上体及两胁多纵纹，下体染黄色而臀近白色。幼鸟似成年雌鸟，但色暗淡且多纵纹。

　　虹膜褐色；喙角质褐色至灰色；脚肉褐色。

　　生态习性：繁殖季节结群活动于亚高山森林带，多在树木上取食细小种子，有时也至林缘活动，冬季下至较低海拔地区。

　　分布：中国见于西藏南部及东南部、云南西北部、四川西南部。国外分布于喜马拉雅山脉东部地区。

雌鸟/西藏林芝/董磊

雄鸟/西藏林芝/董磊

欧金翅雀
European Greenfinch

体长：15厘米
居留类型：留鸟

　　特征描述：体型中等、身体敦实的雀类。喙粗壮，具有特征性的宽阔黄色翼斑，雄鸟头顶至枕后灰色，前额、眼周、眉纹和脸颊前部为黄色，上背黄绿色，下背灰色，尾叉形，尾羽基部有大片黄色而端黑色，颏至前胸染黄色，两胁和下腹部灰色，尾下覆羽黄色。雌鸟周身多灰色。幼鸟多棕色，下体有不明显的纵纹。

　　虹膜色深；喙、脚均色浅，带肉色。

　　生态习性：栖息于城镇绿地、农田周围的灌丛和有树地带，习性如金翅雀。

　　分布：中国从20世纪90年代开始记录见于新疆北部，现已相当常见。国外遍及欧洲，往南延伸至北非，往东至西亚、西南亚和中亚，在分布区最北端的群体冬季南迁，近代被引种至澳大利亚和新西兰。

新疆阿勒泰/张国强

新疆阿勒泰/张国强

金翅雀

Grey-capped Greenfinch

体长：13厘米
居留类型：留鸟

特征描述：体型较小的黄、灰及褐色的雀类。具有特征性的宽阔的黄色翼斑，雄鸟顶冠及颈背灰色，背纯褐色，翼斑、外侧尾羽基部及臀部黄色。雌鸟色暗，幼鸟色淡且多纵纹。与黑头金翅雀的区别为头无深色斑纹，体羽比欧金翅和黑头金翅雀更偏棕色。

虹膜深褐色；喙偏粉色；脚粉褐色。

生态习性：栖息于灌丛、旷野、人工林、园林及林缘地带，高可至海拔2400米，在城镇喜栖于多松柏树的园林中。

分布：中国常见于内蒙古至整个东北三省、华北、华东及华南大部，西至青海东部、四川、云南东部及广西，迷鸟至台湾岛。国外分布于西伯利亚东南部、蒙古、日本至越南。

在台湾，金翅雀是稀有访客/台湾/林月云

北京/沈越

金翅雀繁殖期外常结群活动/江西/曲利明

江西/曲利明

高山金翅雀

Yellow-breasted Greenfinch

体长：14厘米　　居留类型：留鸟

　　特征描述：体型较小、具有黑色、橄榄色和黄色的雀类。雄鸟头部具明显的斑纹，头顶近黑色，眼先黄色或黑色，头侧至颈侧、脸颊下缘鲜黄色，眼后脸颊黑色，但眼下黄色，有短粗的髭纹，覆羽和初级飞羽基部为鲜黄色，双翼合拢后形成复杂纹样，下体全为鲜黄色，胸两侧略染橄榄色，尾下偏白色。雌鸟似雄鸟，但体色较暗且多纵纹，缺乏鲜黄色调。与黑头金翅雀的区别在于腰黄色且头具条纹。幼鸟色淡，纵纹较多而甚似金翅雀和黑头金翅雀，但下体和颈侧多黄色。
　　虹膜深褐色；喙粉红色；脚粉红色。
　　生态习性：成对或结小群栖息于海拔 1600-4400米山地的开阔的针叶林中，多于树上取食，做姿势如蝙蝠善鸣唱飞行，不同季节做垂直迁移。
　　分布：中国常见于西藏南部、云南西部及四川西南部。国外分布于喜马拉雅山脉、缅甸西部和北部。

雌鸟/西藏/张明

雄鸟/西藏吉隆/肖克坚

雄鸟/西藏樟木/董磊

黑头金翅雀

Black-headed Greenfinch

体长：13厘米
居留类型：留鸟

特征描述：体型较小、具有黄色、橄榄色及灰黑色的雀类。翼部具特征性的黄色宽斑，覆羽和三级飞羽边缘灰白色。雄鸟头部黑绿色，无条纹，腰及胸部橄榄色，似金翅雀，但无暖褐色，代之以橄榄绿色。雌鸟、幼鸟较雄性成鸟色淡且多纵纹，周身灰褐色似高山金翅雀及金翅雀的幼鸟，但色深且绿色较重。

虹膜深褐色；喙粉色；脚粉红色。

生态习性：成对或结小群活动于开阔针叶林、落叶林及有稀疏林木的开阔地带，有时在田野或城市园林取食，冬季可结成数百只大群，取食于结实的柏树林、杉树林或者农田。

分布：中国见于西藏东南部，四川南部及西部，贵州西部和云南大部，曾有迷鸟记录见于香港地区。国外分布于中南半岛北部。

雄鸟/西藏/张永

冬季黑头金翅雀集群活动，多可至数百只/云南保山/董磊

黄雀
Eurasian Siskin

体长：11.5厘米　　居留类型：旅鸟、夏候鸟、冬候鸟

特征描述：体型甚小、黄绿或灰色并具纵纹的雀类。喙短、直而尖细，翼上具醒目的黑色和黄色条纹，雄鸟顶冠及颏黑色，头侧、腰及尾基部亮黄色。雌鸟色暗而多纵纹，顶冠和颏无黑色。幼鸟似雌鸟，但褐色较重，翼斑多橘黄色。与所有其他小型且色彩相似的雀类的区别在喙形尖直。

虹膜深褐色；喙偏粉色；脚近黑色。

生态习性：可发出婉转悦耳的鸣声，冬季结大群作波状飞行，觅食似山雀且活泼好动，历史上常见，但目前数量已经较少。

分布：中国繁殖于东北的大、小兴安岭，秋冬季节沿东部海岸线南迁，偶可达江苏或以南地区。国外分布于欧洲全中东及东亚。

雌鸟/北京/沈越

雌鸟/北京/张永

只有在迁徙中，黄雀才在开阔地出现，在繁殖地它们主要活动于林地中/雌鸟/新疆/夏咏

红额金翅雀

European Goldfinch

体长：14.5厘米
居留类型：留鸟

特征描述：体型略小、体形修长而羽色鲜艳的雀类。喙细而长，额及胸兜红色，具醒目的黑、白及黄色翼斑，见于中国的个体比欧洲的个体灰色较重且头无黑色，叉形的尾黑色，尾端有狭窄白色斑。幼鸟褐色较重，头顶、背及胸部具纵纹，似其他金翅雀的幼鸟，头无红色，但具黄色的宽阔翼斑。

虹膜深褐色；喙粉白色；脚粉褐色。

生态习性：栖息于针叶林和混交林的林间空地、林缘或果园，也见于乡村绿篱上，高可至海拔4250米地带。成对或结小群活动，喜食各种草本植物种子。

分布：中国常见于西藏极西南部（札达-普兰一线）和新疆西北部阿尔泰山及天山。国外分布于欧洲、中东至中亚。

新疆/张明

新疆阿勒泰/张国强

1704

新疆阿勒泰/张国强

白腰朱顶雀
Common Redpoll

体长：14厘米
居留类型：冬候鸟

　　特征描述：体型较小、灰白色并有褐色的雀类。体形修长而喙短小，头顶有红色点斑，繁殖期雄鸟似极北朱顶雀，但褐色较重且多纵纹，胸部的粉红色上延至脸侧，腰部浅灰色而沾褐色，并具黑色纵纹，有别于腰部几乎全白色的极北朱顶雀。雌鸟似雄鸟但胸无粉红色。非繁殖期雄鸟似雌鸟，但胸具粉红色鳞斑，尾叉形。

　　虹膜深褐色；喙黄色；脚黑色。

　　生态习性：繁殖于北方的针叶林区，越冬于温带林区，冬季结群而栖，多在地面取食，飞行迅速，受惊时飞至高树顶部。

　　分布：中国见于西北部的西天山，迁徙时大量经过东北各省，在北京、山东为偶见冬候鸟，有迷鸟记录见于甘肃东北部和江苏。国外分布于全北界的北部，引种至新西兰。

雌鸟/黑龙江/张明

雌鸟/黑龙江/张永

雄鸟（左下）与雌鸟（右上）/内蒙古/张明

雄鸟/新疆阿勒泰/张国强

黄嘴朱顶雀

Twite

体长：13厘米
居留类型：留鸟

特征描述：体型较小、褐色并具纵纹的雀类。体形修长，喙短小，体色完全不同于其他朱顶雀。头顶无红色点斑，头部褐色较浓，颈背及上背多纵纹，体羽色深而多褐色，腰粉红色或近白色，翼上及尾基部的白色较少，胸腹部皮黄色并具细小纵纹，下腹渐变为白色。不同地理种群颜色略有区别。

虹膜深褐色；喙黄色；脚近黑色。

生态习性：在青藏高原和相邻山区做垂直迁移，夏季栖于开阔山地、泥淖地、草地及有林间空地的针叶林和混交林中，高可至海拔4850米，飞行快速而有起伏，取食多在地面，结群而栖。

分布：中国繁殖于西北、中西部和青藏高原大部，以及横断山区北部。国外分布于欧洲及中亚、喜马拉雅山脉西部及中部。

青海青海湖/沈越

西藏日喀则/肖克坚

西藏/张永

新疆阿勒泰/张国强

赤胸朱顶雀

Eurasian Linnet

体长：13.5厘米
居留类型：留鸟

　　特征描述：体型较小的暖褐色雀类。体形修长，喙短小，雌雄异色，繁殖期雄鸟顶冠及胸具绯红色鳞状斑，头和颈背的纯灰色与上背和覆羽的青褐色成明显对比，腹部色浅，头偏灰色。雌鸟头染灰色，与背部褐色形成对比，缺乏绯红色，整体不如雄鸟鲜亮，顶冠、上背、胸及两胁多纵纹。幼鸟似雌鸟，但头部多褐色。与黄嘴朱顶雀的区别在于褐色较暖，颈背无纵纹，头多灰色，喙较大且颜色不同，翼缘及尾基部多白色。

　　虹膜深褐色；喙灰色；脚粉褐色。

　　生态习性：栖息于有稀疏树木和矮丛的开阔多岩丘陵山坡，冬季结群往低处移动，飞行快速，于地面或树上取食。

　　分布：中国见于西北部新疆阿尔泰山、天山、博格达山及喀什地区。国外分布于欧洲至北非和中亚。

雄鸟/新疆/郑建平

雄鸟/新疆哈密/沈越

雄鸟（非繁殖期）/新疆阿勒泰/张国强

雄鸟/新疆/郑建平

林岭雀
Plain Mountain Finch

体长：15厘米
居留类型：留鸟

特征描述：中等体型、上体有很多纵纹但腹部几为纯色的岭雀。雌雄同色，翼和长尾均较长，体烟灰色和褐色相间，喙铁黑色，呈较长的三角锥状，具其不甚显著的浅色眉纹，头顶灰褐色而脸颊无纹样，带浅色纵纹，有白色或乳白色的细小翼斑，凹形的尾无白色。雏鸟较成鸟多暖褐色。产于中国极西北部的个体多棕褐色，下体色淡。与高山岭雀的区别在于头色较浅，腰部羽毛羽端无粉红色。

虹膜深褐色；喙角质色；脚灰色。

生态习性：栖息于多石的山坡和高山草甸中。冬季下至海拔1800米的有林地带和耕地边缘，常成大群作快速上下翻飞。

分布：中国常见于西藏北部及东部、青海东部、甘肃、四川、陕西南部、云南西北部，也见于新疆西北部和极西部。国外分布于中亚、喜马拉雅山脉及蒙古。

西藏/张永

新疆天山一号冰川/沈越

高山岭雀
Brandt's Mountain Finch

体长：18厘米
居留类型：留鸟

　　特征描述：体型略大、头色比体色明显深的岭雀。喙略显短，尾长，翼长，头顶色深，颈背和上背灰色，覆羽明显为浅色，腰偏粉色，区别于相似的林岭雀，腹部色较浅，无斑纹，较任何可能同域分布的雪雀的色彩都深。见于中国的7个地理群体（也有学者认为仅有5个有差异的地理群体）在体羽的深色程度和褐色及灰色的色调上有差异。

　　虹膜深褐色；喙灰色；脚深褐色。

　　生态习性：喜高海拔林线以上的多岩、碎石地带及多沼泽地区，分布区域海拔较林岭雀为高，夏季于海拔4000-6000米，冬季下至海拔3000米，结大群，有时与雪雀混群。

　　分布：中国常见于新疆塔尔巴哈台山、阿尔泰山、天山及喀什地区，帕米尔高原、昆仑山、青海、甘肃、喀喇昆仑山脉、青藏高原和喜马拉雅山脉，青藏高原东缘的横断山区，以及从四川西部至云南西北部。国外分布于中亚、喜马拉雅山脉西部及中部至蒙古。

西藏日喀则/肖克坚

新疆一号冰川/沈越

蒙古沙雀
Mongolian Finch

体长：15厘米　居留类型：留鸟

特征描述：中等体型的沙褐色沙雀。喙厚重且呈暗角质色，雌雄鸟翼羽上的粉红色羽缘均可见，繁殖期雄鸟眼周沾粉红色，翼羽粉红色较深，大覆羽多染绯红色，腰、胸也沾粉红色。与其他沙雀的区别在于羽色单一，且喙色较浅。

虹膜深褐色；喙角质色；脚粉褐色。

生态习性：生活于贫瘠山区，适应干燥多石的荒漠及半干旱灌丛，高可至海拔4200米地带，通常成群活动。

分布：中国分布广泛，常见于新疆西部及北部的大部分地区以及青海、甘肃、宁夏、内蒙古。国外分布于土耳其东部至中亚、克什米尔直至蒙古中央戈壁地区。

新疆富蕴/沈越

内蒙古阿拉善左旗/王志芳

夏候鸟/新疆阿勒泰/张国强

巨嘴沙雀
Desert Finch

体长：15厘米　　居留类型：留鸟

特征描述：中等体型的沙黄色沙雀。喙较短，雌雄成鸟喙均呈亮黑色，两翼合拢后覆羽的粉红色边缘形成明显的大斑块，雄鸟眼先黑色，而雌鸟眼先无黑色，翼和尾羽黑色，带白色及粉红色羽缘。与中国可见的其他沙雀的区别在于体羽纯沙色且喙黑色。

虹膜深褐色；喙黑色；脚深褐色。

生态习性：避开干燥多石或多沙的荒漠，栖于绿洲或半干旱的有稀疏矮丛的地带，也见于花园和耕地，飞行迅速而有起伏，常结小群活动。

分布：中国分布广泛，常见于新疆西部及北部、青海、甘肃、内蒙古的大部分地区。国外分布于北非、中东至中亚。

雌鸟/新疆阜康/沈越

雌鸟/内蒙古/林剑声

新疆阿勒泰/张国强

1715

长尾雀
Long-tailed Rosefinch

体长：17厘米
居留类型：留鸟、夏候鸟、冬候鸟

　　特征描述：中等体型、头圆尾较长的雀类。喙短而粗厚。繁殖期雄鸟额和颈背苍白色或银白色，脸粉红色；上背褐色并具近黑色且边缘粉红色的纵纹，两翼有两道明显的白色宽翼斑，中央尾羽黑色而外侧尾羽白色，腰部和胸粉红色，非繁殖期色彩较淡。雌鸟具灰色纵纹，翅斑似雄鸟，腰及胸部棕色。雄鸟与朱鹀的区别为喙较粗厚，眉纹浅淡呈霜白色，腰粉红色，外侧尾羽白色。产于中国中部至西南山地的个体尾较短而体色较暗。

　　虹膜褐色；喙浅黄色；脚灰褐色。

　　生态习性：成鸟常单独或成对活动于农耕地周围的绿篱和河边柳树灌丛中，幼鸟结群活动。

　　分布：中国繁殖于西北、东北并向西南延伸至山西(庞泉沟)，陕西秦岭经甘肃武山至西藏东部和横断山区北段至中段，曾在冬季记录见于天山。国外分布于西伯利亚南部、哈萨克斯坦、朝鲜半岛及日本北部。

雌鸟/新疆阿勒泰/张国强

雄鸟/新疆克拉玛依/赵勃

横断山区的个体颜色较北方个体浓重，这一现象也见于朱雀和交嘴雀/雄鸟/四川小金/董磊

雌鸟/新疆阿勒泰/张国强

赤朱雀
Blanford's Rosefinch

体长：15厘米
居留类型：留鸟

　　特征描述：中等体型、喙较细而色深的朱雀。雄鸟无眉纹，顶冠紫栗色并延伸至上背，具两道红色的翼斑，体多绯红色，头顶、上背或胸上无纵纹。雌鸟暖灰褐色，下体无纵纹，以此区别于其他朱雀。雄鸟略似普通朱雀，但喙明显细弱。
　　虹膜褐色；喙灰色；脚烟褐色。
　　生态习性：繁殖于海拔1350-4500米高山多岩的山谷灌丛中，越冬在较低的针叶林和桦树林中。
　　分布：中国见于西藏南部及东南部、云南西北部、四川、甘肃东南部。国外分布于喜马拉雅山脉。

雄鸟/四川小河沟自然保护区/张铭

雄鸟/四川小河沟自然保护区/张铭

暗胸朱雀
Dark-breasted Rosefinch

体长：15.5厘米　居留类型：留鸟

特征描述：体型略小并具宽胸带的深色朱雀。喙较尖细。雄鸟脸部图纹鲜明，额、眉纹、脸颊及耳羽亮粉色，胸深紫栗色，在脸颊和下腹部之间形成一条深色带，颈背及上体深褐色而染绯红色。雌鸟为灰褐色，具两道浅色的翼斑。雄鸟与形似的棕朱雀和酒红朱雀雄鸟的区别为喙较细，额粉红色，眉纹不伸至眼前，胸暗色。雌鸟与形似的棕朱雀雌鸟的区别在于无浅色眉纹；与酒红朱雀雌鸟的区别在于三级飞羽无浅色羽端，下体颜色较纯。

虹膜褐色；喙偏灰色的角质色；脚粉褐色。

生态习性：栖息于林线附近的栎树、针叶树混交林以及杜鹃丛中。有时形成单一性别群体，或与红眉松雀混群，较为羞怯，活跃好动。

分布：中国见于西藏南部、东部及东南部，甘肃南部、四川西部及云南西北部。国外分布于喜马拉雅山脉。

雄鸟（左）雌鸟（右）/四川绵阳/王昌大　　　　　　　　　　　　　　　　　雄鸟/四川绵阳/王昌大

雄鸟/四川/张永

普通朱雀
Common Rosefinch

体长：15厘米　　居留类型：夏候鸟、旅鸟、冬候鸟

　　特征描述：体型略小的朱雀。喙短而粗厚，上体灰褐色而腹白色，繁殖期雄鸟在头、胸、腰及翼斑上多染亮红色。红色程度因亚种而异，*roseatus*几乎全红色；*grebnitskii*下体淡粉红色。雌鸟上体灰褐色，下体近白色，周身有不甚清晰的褐色纵纹。幼鸟似雌鸟，但褐色较重且有更显著的纵纹。雄鸟与其他朱雀的区别在于红色鲜亮，雄鸟雌鸟均无眉纹，腹白色，脸颊及耳羽色深。
　　虹膜深褐色；喙灰色；脚近黑色。
　　生态习性：分布广泛，区域性常见的留鸟或候鸟。在高山生境下常活动于海拔2000-2700米，但在中国东北也出现于低海拔地区。在低纬度分布区栖息于亚高山林带，喜林间空地、灌丛，多近溪流活动。在高纬度分布区栖息于开阔的针叶林或针阔混交林或近农牧开阔地的疏林地区。单独、成对或结小群活动，飞行呈波状。
　　分布：雄鸟体色深红的亚种广泛分布于中国新疆西北部及西部，整个青藏高原及其东部外缘至宁夏、湖北及云南北部，冬季南迁至西南低地和热带山地；体色较浅的亚种繁殖于东北呼伦池及大兴安岭，经东部至沿海省份及南方低地越冬，迁徙期间见于整个东部地区。国外繁殖于欧亚大陆北部及中亚的高山、喜马拉雅山脉，南迁至印度和东南亚北部越冬。

产于北方的鸟个体比产于西南者略大，顶冠羽不如其发达/雄鸟/河北/张永

雄鸟/新疆/郑建平

雄鸟/西藏樟木/董磊

在少雪的暖冬，少量普通朱雀在北京越冬，多食浆果/雌鸟/北京/沈越

喜山红眉朱雀
Himalayan Beautiful Rosefinch

体长：15厘米
居留类型：留鸟

　　特征描述：中等体型的朱雀。喙锥形而端甚细，雄鸟暗紫红色，眉纹、脸颊淡紫粉色，上体褐色斑驳，胸及腰部染淡粉红色，下腹部至臀近白色。雌鸟无粉色，但具明显的皮黄色眉纹。雄雌两性均甚似体型较小的曙红朱雀，但喙较粗厚且尾的比例较长。产于西藏东南的个体粉色较其他亚种为淡。

　　虹膜深褐色；喙浅角质色；脚橙褐色。

　　生态习性：栖息于海拔3600-4650米的高山地区，喜桧树及有矮小栎树与杜鹃丛的生境，冬季下移至较低处，也活动于高寒山区农耕地或牧场周围的绿篱，受惊扰时藏于树丛不动直至危险消失。

　　分布：中国见于新疆南部，西藏南部、东南部和东北部，青海、甘肃、宁夏、四川、陕西南部及云南西北部。国外分布于喜马拉雅山脉周边国家。

西藏乃东/肖克坚

雌鸟/西藏亚东/邢睿

雄鸟/西藏亚东/邢睿

雄鸟/西藏樟木/董江天

红眉朱雀

Chinese Beautiful Rosefinch

体长：15厘米
居留类型：留鸟

　　特征描述：中等体型的朱雀。喙锥形而端细，喙较喜山红眉朱雀的喙粗厚。雄鸟暗紫红色，眉纹、脸颊淡粉红色，上体具褐色斑驳，胸和腰部染淡粉红色，下腹部至臀近白色，雌鸟无粉色，但具明显的皮黄色眉纹。雄雌两性均甚似体型较小的曙红朱雀，但喙较粗厚且尾的比例较长。

　　虹膜深褐色；喙浅角质色；脚橙褐色。

　　生态习性：栖息于山地林线附近的灌丛和开阔地，冬季下移至较低处生活。

　　分布：中国常见于陕西北部、内蒙古东南部、北京和河北的高海拔地区。国外仅边缘性分布于喜马拉雅山东段。

雌鸟/四川若尔盖/董磊

雄鸟/四川雅江/肖克坚

雄鸟/青海玉树/董江天

雌鸟/四川雅江/肖克坚

雄鸟/北京/张代富

曙红朱雀
Pink-rumped Rosefinch

体长：12.5厘米
居留类型：留鸟

特征描述：体型较小、外形似红眉朱雀的深色朱雀。体型明显小于红眉朱雀，喙细而尾短。雄鸟额部不似玫红眉朱雀鲜艳，且额上密布纵纹，眉纹、脸颊粉色，眼先、喙基和颊部前端羽色较浓艳，上背黄褐色而多细纵纹，胸及腰部粉色，通常比红眉朱雀艳丽，无红眉朱雀的黄褐色两胁。雌鸟体羽无粉色，羽色似玫红眉朱雀。

虹膜深褐色；喙角质褐色；脚淡褐色。

生态习性：不常见留鸟于海拔3900-4900米地带，通常活动于比红眉朱雀更高的海拔地带，喜开阔的高山草甸和有矮树、灌丛的河谷，冬季成群活动，有时与体型较大的红眉朱雀混群。

分布：中国鸟类特有种，分布于西藏东部、青海东南部及四川，部分个体冬季可能南迁至云南西北部，也可能于其他处有繁殖。

雌鸟/四川帕姆岭/沈越

雄鸟/西藏/张永

西藏/张永

求偶炫耀/西藏米林/董磊

玫红眉朱雀

Pink-browed Rosefinch

体长：14.5厘米
居留类型：留鸟

　　特征描述：体型略小的朱雀。雄鸟多亮丽粉红色，雄鸟具宽阔的粉色前额和眉纹，额色较红眉朱雀和曙红朱雀更为鲜亮，深红色贯眼纹甚宽，脸颊红色甚艳，上背部浅灰褐色并有细纵纹，浅色羽缘有时带粉红色，腰深粉色，下体粉红色而缺乏纵纹，腰、下体颜色均比红眉朱雀雄鸟和玫红眉朱雀雄鸟要深。雌鸟无粉色，上下体均具浓密的纵纹，眉纹、额及腹部色浅。

　　虹膜深褐色；喙偏褐色，喙端深色；脚褐粉色。

　　生态习性：见于海拔2250-4500米亚高山的林下灌丛、林缘及高山草坡上，秋冬季节下迁至较低海拔的森林中。

　　分布：中国见于西藏南部地区。国外分布于喜马拉雅山脉。

雌鸟/西藏樟木/董磊

雄鸟/西藏/张永

西藏/张明

雌鸟/西藏/张永

酒红朱雀
Vinaceous Rosefinch

体长：15厘米
居留类型：留鸟

特征描述：体型略小、体色浓艳的朱雀。喙不甚粗厚，雄鸟眉纹羽端为浅亮粉色，全身深绯红色，三级飞羽边缘和羽端白色或略染粉色，腰部颜色较淡。雌鸟周身橄榄褐色并具深色纵纹，三级飞羽羽端浅皮黄色至白色，较其他朱雀雌鸟色深，较点翅朱雀雌鸟体小，较暗胸朱雀雌鸟或曙红朱雀雌鸟喉至下体色深。

虹膜褐色；喙角质色；脚褐色。

生态习性：栖息于海拔2000-3400米的山地，也见于湿润的山坡竹林及灌丛。单独或结小群活动，常至地面觅食。可长时间静立不动。

分布：中国分布于中部地区、西藏东南部及台湾岛；台湾岛特有亚种*formosana*见于岛上海拔2300-2900米地带。国外见于喜马拉雅山脉。

雌鸟/台湾/肖克坚

雄鸟/台湾/吴廖富美

雌鸟/台湾/吴廖富美

雄鸟/台湾/肖克坚

棕朱雀
Dark-rumped Rosefinch

体长：16厘米
居留类型：留鸟

　　特征描述：中等体型、全身深色的
朱雀。喙不甚粗厚，眉纹显著。雄鸟眉
纹、喉、额及三级飞羽的远缘浅亮粉
色，周身深紫褐色。雌鸟眉纹浅皮黄
色，上体深褐色，翼上无白色，尾略
凹，下体皮黄色，具浓密的深色纵纹。
腰色深，额或下体无粉色，翼上无白色
而有别于其他的深色朱雀。

　　虹膜褐色；喙角质色；脚褐色。

　　生态习性：喜林下灌丛，单独或结小
群藏隐于地面或近地面处。通常见于海
拔3000-4250米高山的林层及灌丛，

　　分布：中国分布于西部地区，包括甘
肃南部及四川西部山区。国外见于喜马
拉雅山脉。

雄鸟/四川卧龙/董磊

雌鸟/四川卧龙/董磊

沙色朱雀
Pale Rosefinch

体长：15厘米
居留类型：留鸟

特征描述：中等体型、身体无纵纹的浅色朱雀。喙锥形，皮黄色，甚大，雄鸟眉纹显著而连至前额，分布区极东部的亚种雄鸟眉亮白色似雪，脸部的粉色渐至胸部而变淡，上体浅褐色，腰浅粉色，卜体较淡，雌鸟无粉色。翼纯褐色而有别于可能同域分布的蒙古沙雀和巨嘴沙雀的雌鸟。

虹膜褐色；喙皮黄色；脚皮黄色。

生态习性：常见于海拔2000~3500米干旱荒瘠山区，结群栖息于贫瘠荒凉地带的近水地区，停栖于悬崖或岩石缝隙，通常胆小而甚少发出鸣叫，于地面活动觅食。

分布：中国见于新疆西南部叶尔羌河和西昆仑山，甘肃兰州至青海东部。国外分布于中东内盖夫及西奈沙漠，阿富汗东北部。

雌鸟/甘肃/田穗兴

沙色朱雀栖息于远比其他朱雀栖息地贫瘠荒凉的地方/雄鸟/甘肃兰州/林刚文

北朱雀

Pallas's Rosefinch

体长：16厘米　居留类型：旅鸟、冬候鸟

　　特征描述：中等大小、体型敦实而尾长的朱雀。喙形短而厚。雄鸟头顶染红色，额及颏霜白色，无对比性眉纹，头、下背及下体淡红色至绯红色，胸色深而往下渐变浅，上体及覆羽深褐色，边缘粉白色，形成两道浅色翼斑。雌鸟整体黄褐色，间有灰白色，上体具褐色纵纹，额及腰部染粉色，胸沾粉色，下体皮黄色而具纵纹，臀白色。

　　虹膜褐色；喙近灰色；脚褐色。

　　生态习性：繁殖于针叶林中，越冬在雪松林、落叶林及有灌丛覆盖的山坡上，多见于山地落叶林区，偶见于平原绿地或公园。

　　分布：中国越冬于北部及东部广大范围内。国外分布于西伯利亚中部、东部至蒙古北部，冬季迁至日本、朝鲜半岛及哈萨克斯坦北部。

雄鸟/北京/赵钢

雌鸟/辽宁/张永

雄鸟/辽宁/张永

1734

斑翅朱雀
Three-banded Rosefinch

体长：18厘米　居留类型：留鸟

特征描述：体型较大而色斑鲜明的朱雀。雌雄鸟均具有两道显著的浅色翼斑，肩羽边缘及三级飞羽外侧的白色形成特征性第三道"条带"，与翼斑近垂直地相交。雄鸟脸偏黑色，额、脸、颔的羽毛端部色浅而亮，头顶、颈背、胸、腰及下背部深绯红色。雌鸟及幼鸟上体深灰色，满布黑色纵纹。

虹膜褐色；喙角质色；脚深褐色。

生态习性：繁殖于海拔1800-3000米山地的阔针叶林中，冬季下至沟谷，甚至出现于农耕地及果园，取食于地面或灌丛。

分布：中国鸟类特有种，分布于甘肃南部经四川西部至云南西南部的丽江，冬季有记录见于西藏东南部。

雄鸟/四川康定/董磊

雌鸟/西藏/宋晔

雄鸟/西藏/宋晔

1735

喜山点翅朱雀
Spot-winged Rosefinch

体长：15厘米
居留类型：留鸟

　　特征描述：中等体型、眉纹粗显的深色朱雀。喙锥形而尖。繁殖期雄鸟具浅粉色、前端色深而往后渐变浅的长眉纹，脸色暗红色至紫褐色，额至下体暗粉色，上背褐色并缘以粉色的纵纹，三级飞羽及覆羽具浅粉色点斑，排列形成两道特征性的翼斑，腰及下体暗粉色。雌鸟眉纹不明显，周身无粉色但纵纹密布，下体淡皮黄色，三级飞羽浅色羽端形成如雄鸟的翼斑，以此有别于玫红眉朱雀及红眉朱雀的雌鸟。

　　虹膜深褐色；喙近灰色；脚粉褐色。

　　生态习性：夏季栖居于林线灌丛及高山草甸中，冬季下移至竹林密丛中，惧生。

　　分布：中国罕见于西藏南部聂拉木地区。国外见于喜马拉雅山脉。

西藏日喀则/李锦昌

西藏日喀则/李锦昌

喜山白眉朱雀
Himalayan White-browed Rosefinch

体长：17厘米　　居留类型：留鸟

特征描述：体型略大、体格敦实而尾长的朱雀。喙型比同域分布的红眉朱雀或曙红朱雀均更为粗厚，雄鸟额部霜白色，眉纹白色。脸粉红色，近喙基处色较浓艳。颊侧和颏部羽端霜白色，头顶至上背灰褐色，中覆羽羽端白色，形成不明显的翼斑，胸、下体至腰部粉红色，上体、下体均有大量纵纹。雌鸟与其他朱雀雌鸟的区别为腰色深而偏黄色，眉纹后端白色，胸部的暖褐色渲染与腹部的白色成明显对比。

虹膜深褐色；喙角质色；脚褐色。

生态习性：垂直迁移的候鸟，夏季见于海拔3000-4600米的高山及林线灌丛中，冬季活动于丘陵山坡灌丛，成对或结小群活动，有时与其他朱雀混群，取食多在地面。

分布：中国分布于西北地区。国外分布于喜马拉雅山脉。

雄鸟/西藏亚东/邢睿

雌鸟/西藏樟木/董江天

雌鸟/西藏亚东/邢睿

点翅朱雀

Sharpe's Rosefinch

体长：14厘米
居留类型：留鸟

　　特征描述：中等体型、眉纹粗显的深色朱雀。似喜山点翅朱雀，仅体型较小，粉色较淡，而雌鸟有粗显的浅皮黄色眉纹。
　　虹膜深褐色；喙近灰色；脚粉褐色。
　　生态习性：同喜山点翅朱雀，栖息于海拔3000-4600米山地林线附近的灌丛和草甸中，冬季下迁。
　　分布：中国鸟类特有种，繁殖于四川南部及西部、云南东北部。

雌鸟/北京/张永

云南大理/李锦昌

1738

云南大理/李锦昌

云南大理/李锦昌

白眉朱雀
Chinese White-browed Rosefinch

体长：15厘米
居留类型：留鸟

特征描述：体型略大、体格敦实而尾长的朱雀。似喜山白眉朱雀，但羽色较艳而浅。雄鸟额霜白色，脸部粉红色区域较大，往上扩展切断眉纹，使其仅在末端有一大白色点，胸、下体至腰粉红色而较少纵纹。雌鸟似喜山白眉朱雀。

虹膜深褐色；喙角质色；脚褐色。

生态习性：同喜山白眉朱雀，甚常见留鸟于海拔3000-4600米地带。

分布：中国鸟类特有种，常见于西藏东南部、东部，青海东北部、东部和甘肃、宁夏、四川西部及云南西北部。

雌鸟/四川帕姆岭/沈越

雄鸟/四川雅江/肖克坚

雄鸟/四川雅江/董磊

雌鸟/甘肃莲花山/郑建平

雄鸟/甘肃莲花山/高川

红腰朱雀
Red-mantled Rosefinch

体长：18厘米　　居留类型：留鸟

特征描述：体型较大而喙厚重的朱雀。繁殖期雄鸟眉纹粉红色，顶纹及过眼纹色深，脸侧具银色点斑，通体沾粉色，颈侧及下体粉红色鲜艳，腰部及眉纹粉红色而无细纹。成年雌鸟浅灰褐色具深色纵纹，体羽无粉色。雄鸟似玫红眉朱雀雄鸟，但体型较大，喙较厚重，下体粉色较重。另外似红胸朱雀雄鸟，但脸部及下体少亮红色。雌鸟体型较大，下体色浅，无浅色眉纹或翼斑，而区别于其他类似朱雀的雌鸟。
虹膜深褐色；喙角质色；脚褐色。
生态习性：夏季栖息于海拔2720-4900米高山的桧树林、落叶林及草甸中，冬季下至较低地带，一般成对或结小群活动，性情隐秘。
分布：中国见于新疆西北部的天山、喀什及哈密地区。国外分布于中亚、阿富汗、印度西北部及蒙古。

雌鸟/新疆乌鲁木齐/王传波

雄鸟/新疆乌鲁木齐/夏咏

雄鸟/新疆乌鲁木齐/王英永

西藏林芝/白文胜

雌鸟/新疆乌鲁木齐/王英永

拟大朱雀
Streaked Rosefinch

体长：19厘米
居留类型：留鸟、冬候鸟

　　特征描述：体型甚大、体形壮实的朱雀。喙大而尖，两翼及尾较长，繁殖期雄鸟的脸、额及下体红色，尤以脸和额部更为艳丽，顶冠及下体具白色点斑排列而成的纵纹，颈背至上背灰褐色并具深色纵纹，仅略沾粉色，腰部粉红色。雄鸟与大朱雀雄鸟的区别在于整体红色不如其浓，颈背和上背褐色较重且多深色纵纹。雌鸟灰褐色而密布纵纹，颈背、背及腰具纵纹，且褐色较重。产于新疆南部个体的体型比其他同类稍大。

　　虹膜深褐色；喙角质粉色或偏黄色；脚近灰色。

　　生态习性：栖息于海拔3700-5150米山地的适宜生境，活动于高海拔地带的多岩流石滩及有山地稀疏矮树丛的高原。冬季见于村庄附近，栖息于灌木丛和树丛中，偶至农田觅食，惧生且隐秘，飞行迅速且多腾跃，常与其他朱雀混群活动。

　　分布：中国分布于新疆西部和南部，青藏高原东部和横断山区北段，冬季也见于四川南部和云南西北部。国外见于喜马拉雅山脉。

雌鸟/四川雅江/肖克坚

冬季在拉萨附近相当常见/雄鸟/西藏/张永

西藏/张明

四川雅江/肖克坚

大朱雀
Spotted Great Rosefinch

体长：19.5厘米
居留类型：留鸟

　　特征描述：体型甚大、体形壮实的朱雀。喙较大，两翼及尾较长，雌雄鸟均似拟大朱雀，两者区别在于雄鸟前额、脸部和上胸的红色更浓，而白色点更大，使得整体有更多霜白色，脸颊、颈背、上背及腰为单一红色或粉色，上体较少纵纹。雌鸟无粉色，下体灰皮黄色而具浓密纵纹，上背纵纹较稀疏，颈背、腰上纵纹也很少，以此区别于拟大朱雀的雌鸟。产于新疆和青藏高原西北部的个体色彩甚淡。
　　虹膜深褐色；喙角质黄色；脚深褐色。
　　生态习性：夏季栖居于林线以上的多岩流石滩及高山草甸，冬季下至村庄田野，常与其他朱雀混群。
　　分布：中国见于新疆和青藏高原。国外分布于高加索山脉、中亚、喜马拉雅山脉。

雄鸟/西藏定日/董磊

雌鸟/西藏乃东/肖克坚

雌鸟（左）雏鸟（右）/西藏定日/董磊

雄鸟/青海/林剑声

红胸朱雀
Red-fronted Rosefinch

体长：20厘米
居留类型：留鸟

特征描述：体型甚大、体格健壮的朱雀。喙甚长，繁殖期雄鸟眉纹红色，眉线短而绯红色，眼纹色深，颏至胸部绯红色，腰部粉红至绯红色。雄鸟与体型大小相似的大朱雀、拟大朱雀雄鸟的区别在于脸部红色部分仅有少量白色点斑，胸腹部红色部分几无白色点斑和纵纹，上体纵纹相对较少，腹部灰色；与体型较小但色彩相似的红眉松雀雄鸟的区别在于喙较长，体型较大，腹部具纵纹。雌鸟无粉色或红色，上下体棕褐色，具浓密的黑色纵纹。雌鸟的喙比大朱雀和拟大朱雀的雌鸟喙更长，身上多橄榄色且腰偏黄色。

虹膜深褐色；喙偏褐色；脚褐色。

生态习性：栖息于海拔3900-5700米的高山草甸及多岩流石、甚至冰川雪线上，为所在地几乎处于最高海拔处的繁殖鸟，于地面跳动，受惊时也不远飞，冬季下至海拔3000-4600米地带。

分布：中国间断性地见于西藏南部、四川西南部、云南西北部、甘肃南部、四川北部和西部、青海东北部及甘肃北部。国外分布于中亚、巴基斯坦北部、印度北部。

雌鸟/四川巴朗山/董磊

雄鸟/四川卧龙自然保护区/张铭

雄鸟/四川巴朗山/董磊

雄鸟/四川卧龙自然保护区/张铭

藏雀
Tibetan Rosefinch

体长：18厘米　　居留类型：留鸟

　　特征描述：体型较大、翅显得甚长的朱雀。两翼长及尾端，喙细而呈黄色，以此区别于几乎所有朱雀。雄鸟头部全为深绯红色，有丝绒光泽，无对比性眉纹，喉部深绯红色，带白色点斑，腰、两胁及尾缘偏粉色，羽端略染霜白色，上背灰色，羽缘粉红色而成扇贝形斑纹。雌鸟周身黄褐色，上体比下体羽色略深，纵纹浓密但模糊，尾略凹。

　　虹膜褐色；喙黄色；脚深褐色。

　　生态习性：栖息于分布区内海拔4500-5400米荒芜山地的多岩地带，于地面取食，走姿笨拙但飞行迅捷而姿态优美。

　　分布：中国鸟类特有种，分布仅局限于西藏东北部、青海西南部的布尔汗布达山及阿尼玛卿山。

雄鸟/青海/高云飞

雌鸟/青海/张浩

雄鸟/青海/张永

雌鸟/青海海南/李锦昌

雄鸟/青海/宋晔

松雀

Pine Grosbeak

体长：22厘米
居留类型：旅鸟、冬候鸟

　　特征描述：体型大、头圆而尾长的雀类。喙粗厚，上喙端带钩。成年雄鸟喙基至脸颊下缘有灰色图纹，头部其余部分为深粉红色，上背、前胸亦为粉红色，两道明显的白色翼斑与近黑色的双翼对比明显。亚成年雄鸟橘黄色或黄绿色取代红色。成年雌鸟似雄鸟，但橄榄绿色取代粉红色。幼鸟全身灰暗色，具皮黄色翼斑。与白翅交嘴雀雄雌两性的图纹相似，区别在于上喙端带钩而非交叉，翼斑也不如其显著，尾开叉较浅且色彩不显浓重。
　　虹膜深褐色；喙灰色，下喙基粉红色；脚深褐色。
　　生态习性：甚不惧人，冬季成群取食浆果和种子。
　　分布：中国冬季偶见于黑龙江、辽宁，亦有尚待证实的来自四川的记录。国外繁殖于北美、欧洲及亚洲，一般在北纬65°以北的地区，冬季南迁。

雄鸟/黑龙江大庆/张明

幼鸟/辽宁沈阳/孙晓明

雄鸟（幼鸟）/辽宁沈阳/孙晓明

雌鸟/新疆阿勒泰/张国强

红眉松雀
Crimson-browed Finch

体长: 19.5厘米
居留类型: 留鸟

　　特征描述: 体型较大而敦实的雀类。上喙端无钩, 喙形显得粗厚而钝。成年雄鸟的眉、脸下颊、额及喉部猩红色, 上体红褐色, 腰栗红色, 下体灰色。第一夏的雄鸟似成年雄鸟但橘黄色取代红色。雌鸟橄榄黄色取代雄鸟的红色, 上体沾橄榄绿色, 额及喉灰色。雄鸟喙短而厚, 腹部灰色而无纵纹, 区别于红胸朱雀雄鸟。处于换羽阶段的雄性普通朱雀也可能与本种混淆, 但个体明显较小, 而下体具纵纹。雌鸟与血雀雌鸟的区别为额和胸侧黄色。

　　虹膜深褐色; 喙黑褐色, 下喙基色较淡; 脚深褐色。

　　生态习性: 栖息于海拔3500-4200米山地的针叶林中, 结小群或成对在林低层或地面取食, 冬季下至海拔2000-3000米地带。

　　分布: 中国见于西藏南部、云南西北部及四川。国外分布于喜马拉雅山脉及尼泊尔中部。

雄鸟/西藏芒康/董磊

雌鸟(左下)与雌性朱雀(右上)/西藏芒康/董磊

血雀
Scarlet Finch

体长：18.5厘米　　居留类型：留鸟

特征描述：体型略大、红色或橄榄褐色的雀类。喙粗厚，雄鸟全身具醒目的猩红色，飞羽偏黑色而羽缘红色。雌鸟上体橄榄褐色，腰黄色，下体灰色，具偏深色的杂斑。雄性幼鸟似雌鸟，但上体具棕色，腰橘黄色较多。

虹膜深褐色；上喙粉褐色，下喙角质黄色；脚粉褐色。

生态习性：栖息于海拔1600-3400米山地的常绿林或成熟杉树林中，通常见于林间空隙或林缘地带，单独或结小群活动。

分布：为不常见留鸟，中国见于西藏东南部、云南西部及南部。国外分布于喜马拉雅山脉至东南亚北部。

雌鸟/西藏/张明

雌鸟/西藏樟木/董磊

雄鸟/西藏樟木/董磊

红交嘴雀
Red Crossbill

体长：16.5厘米　居留类型：夏候鸟、旅鸟、冬候鸟、留鸟

　　特征描述：中等体型、头大而体格健壮的雀类。喙形独特，较松雀的钩喙更弯曲，且上下喙端均具钩，并从侧面交叉，以此区别于除白翅交嘴雀外的所有雀类。繁殖期雄鸟染红色，程度随亚种或产地而有异，从橘黄色、玫红色至猩红色不等，通常比任何朱雀雄鸟的红色均多些。雌鸟似雄鸟，通体为暗橄榄绿色或染棕灰色。幼鸟似雌鸟而具纵纹。雄雌两性的成鸟、幼鸟与白翅交嘴雀的区别在于均无明显的白色翼斑，且三级飞羽无白色羽端。繁殖于新疆的群体其喙较细而雌鸟多黄色；见于中国东部的个体雄鸟色艳而下腹部至臀近白色；见于喜马拉雅山至横断山的个体雄鸟樱桃红色，雌鸟色深而偏褐色。
　　虹膜深褐色；喙近黑色；脚近黑色。
　　生态习性：常见于分布区内中海拔的松林中，冬季游荡且部分个体结群迁徙，飞行迅速而有起伏，倒悬进食，用交叉喙撬开松、杉树球果鳞片以获取其中的种子。
　　分布：中国繁殖于东北、新疆天山、西藏南部及东部、云南西北部、四川西部、甘肃西部和青海南部，越冬于陕西南部、河南、山东、江苏、新疆西部、青海、辽宁及河北。国外分布于全北界及东南亚的温带。

雌鸟/北京/冯威

雄鸟（亚成）/新疆阿勒泰/张国强

产于北方的个体通常较西南的个体稍大而色浅/雄鸟/北京/庄小松

雌鸟/新疆阿勒泰/张国强

雄鸟/四川都江堰/董磊

白翅交嘴雀
White-winged Crossbill

体长：15厘米　居留类型：夏候鸟、旅鸟、冬候鸟

特征描述：中等体型、似红交嘴雀的雀类。喙形独特，上下喙端均具钩且相交，体型较小而显纤细，头较拱圆。雌雄鸟及幼鸟均具两道明显的白色翼斑，且三级飞羽羽端白色，以此区别于红交嘴雀。繁殖期雄鸟暗绯红色，腰色较艳。雌鸟似雄鸟，但体色暗橄榄黄色，腰黄色。幼鸟灰色且具纵纹。

虹膜深褐色；喙黑色，边缘偏粉色；脚近黑色。

生态习性：似红交嘴雀。

分布：中国繁殖于黑龙江的小兴安岭，越冬南迁至辽宁和河北，可能也出现于新疆北部的阿尔泰山。国外分布于北美洲及欧亚大陆的温带森林中，冬季南迁。

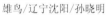
雄鸟/辽宁沈阳/孙晓明

雌鸟/北京/沈越

雄鸟（左上）雌鸟（右下）/北京/沈越

红头灰雀
Red-headed Bullfinch

体长：17厘米
居留类型：留鸟

　　特征描述：体型略大、头圆尾长的灰雀。喙短而有力，喙形厚而上喙端略带钩。雄鸟的头部橘黄色而区别于灰头灰雀雄鸟。雌鸟似灰头灰雀雌鸟，但灰色较重，头顶及颈背染黄橄榄色。幼鸟与灰头灰雀的幼鸟易混淆，但仅在有限地区分布有重叠，如喜马拉雅山极东段。
　　虹膜褐色；**喙**黑色；**脚**粉褐色。
　　生态习性：栖于亚高山针叶林及混交林中。
　　分布：中国常见于西藏东南部。国外见于喜马拉雅山脉。

雄鸟/西藏亚东/董磊

雄鸟/西藏/张永

褐灰雀
Brown Bullfinch

体长：16.5厘米
居留类型：留鸟

特征描述：中等体型、头圆尾长的灰色雀类。喙短而粗，喙强壮有力，雄雌鸟的眼下均具白色的小块斑。雄鸟额部具杂乱的鳞状斑纹，有狭窄的黑色脸罩，翼上具浅色块斑，腰白色，尾及两翼闪辉深绿紫色。雌鸟全身皮黄灰色。见于西藏东南、西南山地直至华南山地的亚种，眼先及额部近黑色。

虹膜褐色；喙绿灰色，喙端黑色；脚粉褐色。

生态习性：常见于海拔1300-3700米的亚高山林中，冬季迁往较低处，觅食各种籽实、嫩芽等，冬季结小群活动，飞行迅速。

分布：中国分布于西藏东南部、云南西北部、华南至东南地区，包括台湾岛。国外分布于喜马拉雅山脉至缅甸北部。

幼鸟/江西武夷山/林剑声

台湾/吴廖富美

幼鸟/江西武夷山/林剑声

台湾/吴廖富美

灰头灰雀
Grey-headed Bullfinch

体长：15厘米　居留类型：留鸟

　　特征描述：体型略大、头圆尾长、身体厚实的灰雀。喙短而有力，喙形厚而上喙端略带钩。雌雄成鸟的头部均为灰色，并有黑色眼罩，飞行时白色的腰及灰白色的翼斑明显可见。雄鸟胸及腹部深橘黄色。雌鸟下体及上背染暖褐色。幼鸟似雌鸟但整个头全褐色，仅有极细小的黑色眼罩。

　　虹膜深褐色；喙近黑色；脚粉褐色。

　　生态习性：栖息于海拔2500-4100米亚高山的针叶林及混交林中，觅食于各种有果实、种子和嫩芽的树木、灌丛以及高大草本植物，非繁殖季节结小群生活，甚不惧人。

　　分布：中国见于西藏东南部经华中至山西西南部、云南南部和西北部，另外间断性地见于河北北部、北京西部以及台湾岛。国外分布于喜马拉雅山脉东段。

雄鸟/甘肃莲花山/沈越

雌鸟/四川若尔盖/董磊

雄鸟/四川若尔盖/董磊

雄鸟（上）雌鸟（下）/四川小河沟自然保护区/张铭

红腹灰雀
Eurasian Bullfinch

体长：15厘米　　居留类型：旅鸟、冬候鸟

　　特征描述：身体圆胖而尾不甚长的灰雀。喙短而有力，喙厚而上喙端略带钩，雌雄成鸟的头均为黑色，有黑色眼罩及下颏，区别于其他多数见于中国的灰雀，上背灰色，腰白色，有宽而显眼的白色翼斑，飞羽、尾羽辉黑色，臀白色。雄鸟脸颊、胸及腹部粉红色或染绯红色调。雌鸟身上粉褐色取代红色。幼鸟似雌鸟，但整个头灰色，翼斑皮黄色。

　　虹膜深褐色；喙近黑色；脚黑褐色。

　　生态习性：栖息于高纬度的针叶林及混交林中，冬季南迁越冬，似其他灰雀。

　　分布：中国通常罕见，在新疆西部天山，东北大小兴安岭和乌苏里江地区曾有越冬记录，也曾见于河北。国外繁殖于全北界北部。

雄鸟/新疆五家渠/夏咏

雌鸟/辽宁大连/张代富

雄鸟/新疆阿勒泰/张国强

1764

雌鸟/新疆阿勒泰/张国强

雄鸟（左后）雌鸟（右前）/新疆阿勒泰/邢睿

锡嘴雀

Hawfinch

体长：17厘米
居留类型：夏候鸟、旅鸟、冬候鸟

　　特征描述： 体型较大的偏褐色雀类。喙特粗长而强壮，雄雌几乎同色，身圆，尾短，成鸟头大，具狭窄的黑色眼罩和明显的白色宽肩斑，两翼闪辉蓝黑色(雌鸟灰色较重)，初级飞羽上端弯而尖，合拢后在翼端形成一道显眼的装饰，两翼的黑白色图纹上下两面均清晰可见，尾暖褐色而略凹，前端白色狭窄，外侧尾羽具黑色次端斑。幼鸟似成鸟，但色较深且下体具深色的小点斑及纵纹。

　　虹膜褐色；喙角质色至近黑色；脚粉褐色。

　　生态习性： 喜栖息于开阔林地或林缘，成对或结小群栖于林地、花园及果园中，高可至海拔3000米地带，常至地面觅食，惧生而安静。

　　分布： 中国繁殖于东北，迁徙时见于东部，偶见于长江以南以及东南沿海省份越冬，暖冬年份在华北亦有越冬个体，有迷鸟至台湾岛。国外分布于欧亚大陆的温带区。

成鸟/黑龙江牡丹江/沈越

新疆阿勒泰/张国强

成鸟/新疆阿勒泰/张国强

新疆阿勒泰/张国强

黑尾蜡嘴雀
Chinese Grosbeak

体长：15厘米　　居留类型：夏候鸟、旅鸟、冬候鸟、留鸟

特征描述：体型略大、体格敦实的雀类。喙色浅而硕大，且厚，黄色而端黑色。雄鸟整个头部辉黑色，颈部至胸、腹部灰色，上背灰色而染棕色，腰色较浅，两翼和尾羽辉黑色，两胁沾棕黄色。似黑头蜡嘴雀，但喙端黑色，初级飞羽、三级飞羽及初级覆羽羽端白色，臀黄褐色。雌鸟似雄鸟，头部为全灰色。幼鸟似雌鸟，但褐色较重。

虹膜褐色；喙深黄色而端黑色；脚粉褐色。

生态习性：喜开阔林地和次生植被，常出没于林地和果园中，越冬期大量出现于城市绿地，常结群在地面觅食，嗑喙有声。

分布：中国繁殖于东北，至南方及台湾岛越冬，繁殖于华中及华东尤其是长江下游的群体，越冬在西南地区。国外繁殖于西伯利亚东部、朝鲜半岛、日本南部，南迁越冬。

雄鸟/北京/冯威

雄鸟/北京/沈越

雌鸟/北京/沈越

在食物缺乏的季节，就算是配偶间也不免争食/陕西西安/张国强

冬季，黑尾蜡嘴雀常成群在林地地面取食，发出人嗑瓜子般的声音/福建福州/姜克红

黑头蜡嘴雀
Japanese Grosbeak

体长：15厘米　　居留类型：夏候鸟、旅鸟、冬候鸟

特征描述：体型较大显得健壮的雀类。喙色浅而硕大，有时上喙弓上具深色斑。雄雌同色。似雄性黑尾蜡嘴雀，但喙更大且端不黑，头部黑色范围有限，仅限于头顶、眼罩及颏部，全身灰色，臀近灰色，两翼和尾羽辉黑色，初级飞羽近端处具白色小块斑。幼鸟褐色较重，头部黑色减少至狭窄的眼罩，也具两道皮黄色翼斑。

虹膜深褐色；喙黄色；脚粉褐色。

生态习性：较其他蜡嘴雀更喜低地，通常结小群活动，甚惧生而安静。

分布：中国繁殖于东北长白山及小兴安岭，经华北、华东至南方越冬。国外繁殖于西伯利亚东部、朝鲜半岛及日本。

河北/张永

黑龙江/王昌大

福建福州/谢金平

黄颈拟蜡嘴雀
Collared Grosbeak

体长：22厘米　　居留类型：留鸟

特征描述：体型较大、全身黄色和黑色的雀类。头大而圆，喙硕大，成年雄鸟头部、喉、两翼及尾黑色，其余部位艳黄色。雌鸟头和喉灰色，覆羽、肩及上背暗灰黄色。幼鸟似同性成鸟，但色暗多灰褐色。颈背和领环艳黄色区别于所有中国其他蜡嘴雀。

虹膜深褐色；喙绿黄色；脚橘黄色。

生态习性：栖息于海拔2700-4000米的亚高山林中，冬季移往较低处，常见于沿林线附近有矮小栎树、杜鹃丛和桧树灌丛的针叶林及混交林中，冬季结群活动，飞行迅速。

分布：中国见于西藏东南部、云南东北部、四川西部及甘肃西南部。国外分布于喜马拉雅山脉。

雌鸟/四川老河沟自然保护区/张铭

雄鸟/四川老河沟自然保护区/张铭

雄鸟/云南/陈久桐

白点翅拟蜡嘴雀
Spot-winged Grosbeak

体长：22厘米
居留类型：留鸟

特征描述：体型较大、全身黑色和黄色为主的雀类。头圆而大，喙硕大且厚重。两性均具三级飞羽，大覆羽及次级飞羽端部有明显黄白色点斑形成的翼上斑纹。雄鸟头、喉及上体黑色，胸腹部至臀为黄色。雌鸟及幼鸟周身黄绿色，密布清晰的黑色及黄色纵纹。幼鸟的黄色较雌鸟为淡。与黄颈拟蜡嘴雀的区别在于无黄色的领环至背部，与白斑翅拟蜡嘴雀的区别为胸黄色，腰黑色。

虹膜深褐色；喙亮灰色；脚灰色。

生态习性：见于海拔2400-3600米亚高山的针叶林及混交林中，冬季迁往较低处。似黄颈拟蜡嘴雀，但栖于略比之低的海拔处。

分布：中国见于西藏东南部、云南西部及西北部、四川西部。国外分布于喜马拉雅山脉至缅甸。

雌鸟/西藏亚东/肖克坚

雄鸟/西藏亚东/董磊

白点翅拟蜡嘴雀常成对生活，图中被遮挡的另一只雌鸟可能是外来者，伸直身体发出鸣叫是一种警戒的表示/西藏亚东/董磊

雄鸟/西藏亚东/肖克坚

白斑翅拟蜡嘴雀

White-winged Grosbeak

体长：23厘米
居留类型：留鸟

特征描述：体型较大、尾甚长的雀类。头圆而大，喙硕大且厚重。雄鸟外形似白点翅拟蜡嘴雀雄鸟，但三级飞羽及大覆羽羽端点斑为黄色，初级飞羽基部有大块白色斑，在双翼合拢和飞行时均明显易见，头、上背墨黑色，下腹部和腰黄色。雌鸟与白点翅拟蜡嘴雀雌鸟完全不同，体色纯净而无清晰的点斑纵纹，似雄鸟但色暗，灰色取代黑色，脸颊和胸具模糊的浅色纵纹。幼鸟似雌鸟，但褐色较重。

虹膜深褐色；喙灰黑色；脚粉褐色。

生态习性：栖息于海拔2800-4600米山地的冷杉、松树及矮小桧树之中，也进入栎树林觅食，冬季结群活动，常与朱雀混群，嗑食种子时响动甚大，不甚畏人。

分布：中国常见于新疆西部（天山、喀什），西藏南部、东南部和东部，四川、云南西北部、青海、甘肃、陕西南部、宁夏及内蒙古西部。国外分布于伊朗东北部、喜马拉雅山脉。

雌鸟/四川雅江/肖克坚

雄鸟/四川雅江/肖克坚

由于进食的种子可能含有有毒物质，白斑翅拟蜡嘴雀需定期取食特殊的泥土，久而久之在土壁上挖出了凹坑/西藏亚东/董磊

雄鸟/西藏亚东/董磊

金枕黑雀
Gold-naped Finch

体长：15厘米
居留类型：留鸟

特征描述：体型略小、全身深色的雀类。喙厚而呈黑色。雌雄鸟三级飞羽均有白色羽缘并在双翼合拢时形成特征性的亮白色细纹。雄鸟体羽黑色，头顶和颈背亮金色，肩部有金色闪辉块斑。雌鸟头部橄榄绿和灰色，上背灰色，两翼和下体暖褐色。幼鸟似雌鸟，但雄性幼鸟少橄榄绿色，并在枕部和肩部已具金色羽毛。

虹膜深褐色；喙黑色；脚黑色。

生态习性：繁殖于海拔2700-4000米的山地，冬季迁至较低处，常在树冠层下的杜鹃丛或竹林中活动，觅食于地面，有时结小群并与朱雀混群。

分布：中国见于西藏东南部、云南西部和西北部及四川西南部。国外见于喜马拉雅山脉。

雄鸟/西藏山南/李锦昌

雌鸟/西藏/张永

雄鸟/西藏/张永

凤头鹀

Crested Bunting

保护级别：IUCN：LC
体长：17厘米
居留类型：留鸟

特征描述：体型较大具有羽冠的深色鹀类。雌雄两性均具有特征性的细长羽冠，雄鸟头部和身体辉黑色，两翼及尾部栗红色，尾羽端黑。雌鸟羽冠较短，周身深橄榄褐色，翼羽深色且羽缘栗色，上背及胸布满纵纹。

虹膜深褐色；喙灰褐色，下喙基粉红色；脚紫褐色。

生态习性：栖息于热带、亚热带地区的多草山坡和农田周围，常见于丘陵、开阔地面及矮草地，活动和取食均多在地面，冬季见于稻田取食，活泼易见。

分布：中国常见于华中、东南及西南，偶见于台湾岛。国外分布于印度、喜马拉雅山脉至东南亚北部。

雄鸟/福建永泰/郑建平

雌鸟/福建永泰/郑建平

凤头鹀喜食禾本科植物种子，在食物丰富的地点可见成群的个体/福建永泰/郑建平

蓝鹀

Slaty Bunting

体长：13厘米
居留类型：夏候鸟、旅鸟、冬候鸟

　　特征描述：体型较小、体格敦实的鹀类。雄鸟全身体羽大致石蓝灰色，仅三级飞羽近黑色而腹部、臀及尾外缘为醒目的白色。雌鸟头和胸部暖棕褐色而无任何斑纹，上体褐色有纵纹，具两道锈色翼斑，腰灰色，腹部、臀及尾外缘为醒目的白色。
　　虹膜深褐色；喙黑色；脚偏粉色。
　　生态习性：繁殖季节分布于高海拔林地，冬季见于较低海拔的次生林和灌丛中。
　　分布：中国鸟类特有种，分布于中部及东南地区，繁殖于陕西南部秦岭、四川南部和北部岷山及甘肃南部，越冬往东至湖北、安徽、福建武夷山地区及广东北部，部分个体也可能繁殖于南岭山脉。

只有在冬季，蓝鹀才下至位于平原地区的成都，它们通常于地面取食/雌鸟/四川成都/董磊

雄鸟/四川成都/董磊

雄鸟/四川成都/肖克坚

雌鸟/四川成都/肖克坚

黍鹀
Corn Bunting

体长：15厘米
居留类型：夏候鸟

　　特征描述：体型硕大、全身满布纵纹的暗褐色鹀类。雄雌同色，外形圆胖而喙厚。飞行比百灵沉重，且无浅色翼后缘。
　　虹膜深栗褐色；喙浅角质色；脚黄至粉褐色。
　　生态习性：栖息于灌丛及草地中，越冬时在农耕地里，炫耀时会做两翼上举而腿下悬的悬停飞行动作，同时鸣唱，也会停歇于突出的栖处鸣唱，雄鸟常为多配型，繁殖期外多结群活动。
　　分布：中国繁殖于新疆西部天山特克斯河谷和伊犁河谷，越冬于新疆的喀什地区。国外间断性地分布于地中海的温带区、古北界西部至乌克兰、里海及阿富汗北部至哈萨克斯坦南部。

新疆克拉玛依／文志敏

新疆克拉玛依／文志敏

新疆克拉玛依/文志敏

新疆克拉玛依/文志敏

黄鹀
Yellowhammer

体长：15厘米
居留类型：夏候鸟、旅鸟、冬候鸟

　　特征描述：体型较大、尾长而胸阔的黄褐色鹀类。雄鸟繁殖期头黄色，略具灰绿色条纹，髭纹栗色，上体棕褐色斑驳，羽轴色深而有纵纹，且多数有黄色羽缘，腰棕色，下体黄色，胸侧的栗色杂斑形成胸带，两胁有深色纵纹。雌鸟与非繁殖期雄鸟相似，但多具暗色纵纹且较少黄色，外侧尾羽羽缘白色。

　　虹膜深褐色；喙蓝灰色；脚粉褐色。

　　生态习性：见于有石楠和矮灌丛的地带，冬季分布于农耕地，停栖时凹形尾轻弹。

　　分布：中国在新疆西部有繁殖，在冬季偶有记录见于北京、东北、华北等地。国外见于欧洲至西伯利亚和蒙古北部，越冬在其分布区的南部。

雄鸟（非繁殖羽）/新疆乌鲁木齐/王传波

新疆布尔津/王昌大

白头鹀
Pine Bunting

体长：17厘米
居留类型：夏候鸟、旅鸟、冬候鸟、留鸟

雄鸟（非繁殖羽）/新疆阿勒泰/张国强

特征描述： 体型较大、尾长而胸阔的棕褐色鹀类。具小型羽冠，雄鸟具白色的顶冠纹和黑色侧冠纹，耳羽中间白色而边缘黑色，头余部及喉部栗色，与白色的胸带成对比。雌鸟色淡而不显眼，甚似黄鹀的雌鸟，区别在于喙具双色，体色较淡且略沾粉色而非黄色，髭下纹色较白。产于青海柴达木盆地和周边地区的个体额和侧冠纹多黑色，栗色图纹较深。

虹膜深褐色；喙灰蓝色，上喙中线褐色；脚粉褐色。

生态习性： 喜林缘、林间空地和火烧过或砍伐过的针叶林或混交林，越冬于农耕地、荒地及果园，鸣声、习性似黄鹀，在自然界中存在混交类型。

分布： 中国繁殖于西北部天山、阿尔泰山和东北额尔古纳河流域，冬季南迁至新疆西部、黑龙江、内蒙古东南部、河北、河南、陕西南部、甘肃南部、青海东南部，迷鸟至江苏及香港。另有一留鸟亚种见于青海柴达木盆地东部及邻近的甘肃。国外见于西伯利亚的泰加林。

雄鸟（非繁殖羽）/新疆/吴世普

灰眉岩鹀
Rock Bunting

体长：16厘米
居留类型：留鸟

　　特征描述：体型略大、雄鸟头上斑纹鲜明的鹀类。雄鸟特征为头至上胸浅灰色，具黑色的侧冠纹、贯眼纹、髭纹和脸颊后缘纹，周身暖褐色，上体具纵纹而下体纯色，外侧尾羽白色。与戈氏岩鹀雄鸟的区别在于头部条纹黑色而非褐色，且头部的灰色甚显白。雌鸟似雄鸟但色暗。

　　虹膜深红褐色；喙灰色，喙端近黑色，下喙基黄色或粉色；脚橙褐色。

　　生态习性：喜干燥少植被的多岩丘陵、山坡及沟壑深谷地带，高可至海拔4000米，冬季移至开阔多矮丛的生境。

　　分布：中国见于新疆西北部阿尔泰山、西天山以及西藏西南部札达、噶尔及普兰地区。国外分布于西北非、南欧至中亚和喜马拉雅山脉。

雄鸟/新疆阿勒泰/张国强

雌鸟/新疆青河/苟军

新疆/白文胜

雄鸟/新疆阿勒泰/徐捷

戈氏岩鹀
Godlewski's Bunting

体长：17厘米
居留类型：夏候鸟、旅鸟、冬候鸟、留鸟

　　特征描述： 体型较大、雄鸟斑纹鲜明的鹀类。似灰眉岩鹀，但头至胸部灰色较深，侧冠纹和贯眼纹的眼后段为栗色而非黑色。与三道眉草鹀的区别在于顶冠纹灰色，少白色纹。雌鸟似雄鸟但色淡，且头胸部有较多纵纹。幼鸟头、上背及胸部具黑色纵纹，野外与三道眉草鹀幼鸟几乎无区别。因间断分布而形成多个亚种，愈往南则其体色越深，愈往西则其体色越淡并接近于灰眉岩鹀。

　　虹膜深褐色；喙蓝灰色；脚粉褐色。

　　生态习性： 喜干燥而多岩石的丘陵、山坡及近森林和多灌丛的沟壑深谷，也见于农耕地。

　　分布： 具间断分布和独特扩散方式特点的鸟类。中国常见于新疆极西部天山山麓地带及塔里木盆地的西缘，西藏、青海、四川、甘肃、宁夏、内蒙古西部、广西西部、云南北部、中部、东南部直至黑龙江南部，有些群体冬季南迁。国外分布于俄罗斯的外贝加尔地区、蒙古、印度东北部和缅甸东北部。

雌鸟/内蒙古阿拉善左旗/沈越

雄鸟/内蒙古/张明

雄鸟/西藏拉萨/董磊

雄鸟/西藏乃东/肖克坚

三道眉草鹀

Meadow Bunting

体长：16厘米　　居留类型：夏候鸟、旅鸟、冬候鸟、留鸟

　　特征描述：体型略大、头上斑纹显著的棕褐色鹀类。具醒目的黑白色头部和栗色的胸带，以及白色的眉纹、上髭纹、颏及喉部。繁殖期雄鸟头顶栗褐色，眉纹长而白色，眼先和脸颊深栗色，髭纹白色而下缘黑色，颈侧灰色并向下延伸与颏部至喉部的白色斑相融汇，形成半领环。上述图纹形成脸部别致的图案而有别于可能同域分布的其他鹀类。上体暖褐色而略有纵纹，胸栗色，腰棕色。雌鸟羽色较淡，眉线及下颊纹皮黄色，胸浓皮黄色。幼鸟色淡且多细纵纹，其似戈氏岩鹀和灰眉岩鹀的幼鸟，但中央尾羽的棕色羽缘较宽，外侧尾羽羽缘白色。似现已极其罕见于中国东北的栗斑腹鹀，但整体色深，喉与胸对比强烈，耳羽褐色而非灰色，白色翼纹不醒目，上背纵纹较少，腹部也无栗色斑块。

　　虹膜深褐色；喙双色，上喙色深，下喙蓝灰色；脚粉褐色。

　　生态习性：喜较为湿润的林缘地带，也栖居于高山丘陵的开阔灌丛中，冬季下至较低的平原地区。

　　分布：中国见于西北部天山地区、阿尔泰山及青海东部，也见于东北大部、华中及华东，冬季有时远及台湾岛及南部沿海地区。国外分布于西伯利亚南部、蒙古，东至日本。

雄鸟/北京/沈越

雄鸟/江西龙虎山/曲利明

雌鸟/辽宁/张明

繁殖季节，雄鸟会在高处发出悦耳的鸣叫/福建武夷山/林剑声

雄鸟/新疆/张国续

栗斑腹鹀

Jankowski's Bunting

保护级别：IUCN：濒危
体长：16厘米
居留类型：夏候鸟、旅鸟、冬候鸟

　　特征描述：体型略大的鹀类。雄鸟脸部斑纹似三道眉草鹀雄鸟，但耳羽灰色，上背多纵纹，翼斑白色，下体喉至胸由近白色渐变为灰色，腹中央具特征性深栗色斑块，当腹部斑块不明显时，特征为胸偏白色。雌鸟似雄鸟但色较淡，也似三道眉草鹀雌鸟但区别为耳羽灰色较重，上背多纵纹，翼斑白色，胸中央浅灰色。

　　虹膜深褐色；喙双色，上喙色深，下喙蓝灰色；脚橙色而偏粉色。

　　生态习性：栖息于低缓山丘上以及灌丛和草地中，尤其是常绿沙丘及沙地矮林，最近数十年数量及分布区迅速缩减，种群数量不足300只，急需加强保护。

　　分布：中国曾繁殖于黑龙江东南部和吉林，冬季南迁至辽宁、河北及内蒙古东南部，现在仅可见于内蒙古东北部、吉林的有限地点。国外曾经广布于朝鲜半岛、西伯利亚东南部。

雄鸟/内蒙古/张永

西伯利亚山杏灌丛，是这种濒危鸟类喜爱的生境/雄鸟/内蒙古/张明

灰颈鹀
Grey-necked Bunting

体长：15厘米　居留类型：夏候鸟

特征描述：中等体型色彩淡雅的鹀类。喙显得细弱而色浅，头青灰色，眼圈色浅，下髭纹近黄色，上背灰色，有褐色纵纹，下体偏粉色。幼鸟色较淡，顶冠、胸及两胁具黑色纵纹。与圃鹀的区别在于胸腹间无明显分界，且头蓝灰色而非绿灰色。

虹膜深褐色；喙偏粉色；脚粉红色。

生态习性：栖息于中海拔荒芜地区，冬季南移，秋季迁徙前结群，与其他鹀类混群。

分布：在中国见于新疆喀什西部、乌什、吐鲁番中部及天山等地。国外分布于土耳其、伊朗、中亚山区至蒙古西部，越冬于巴基斯坦和印度西部。

成鸟/新疆阿勒泰/张国强

成鸟/新疆阿勒泰/张国强

成鸟/新疆克拉玛依/赵勃

圃鹀
Ortolan Bunting

体长：16厘米　　居留类型：夏候鸟

特征描述：体型略大的浅色鹀类。喙略显得细，头及胸青绿灰色，浅色眼圈显著，髭纹黄色，下缘以灰色与喉部黄色形成特殊图纹。与灰颈鹀的区别在于头灰色而偏绿色，翼斑常为白色，胸部偏灰色而与暖棕色的腹部截然分开。雌鸟及幼鸟色暗，顶冠、颈背及胸部具黑色纵纹。头部无眉纹，具粗显的皮黄色下髭纹及头部的绿染而有别于其他鹀类。

虹膜深褐色；喙粉红色；脚粉红色。

生态习性：栖息于有稀疏矮树的开阔干旱原野地带，冬季南迁，结小群生活，在树上及地面取食。

分布：中国主要见于新疆，繁殖于阿尔泰山、天山及喀什地区西部。国外分布于西欧及中欧、中亚至蒙古西部，迁徙至非洲越冬，极少至印度。

雌鸟/新疆阿勒泰/沈越

雄鸟/新疆/郑建平

雄鸟/新疆阿勒泰/张国强

雄鸟/新疆青河/荀军

白眉鹀

Tristram's Bunting

体长：15厘米
居留类型：夏候鸟、旅鸟、冬候鸟

　　特征描述：中等体型、头部斑纹显著的鹀类。
喙上下两色，成年雄鸟繁殖期头色深，头顶黑色而
顶冠纹白色，眉纹长而宽白色，脸颊黑色并杂有棕
色，耳具白色斑点，髭纹白色而下缘黑色，颏及喉
部黑色，上体褐色而有纵纹，腰棕色且无纵纹，上
胸具暖褐色纵纹，与近白色的腹部形成对比。雌鸟
与非繁殖期雄鸟相比色暗，头部对比色较少，但斑
纹似繁殖期的雄鸟，仅颏色较浅。较田鹀少红色的
颈背。较黄眉鹀少黄色眉纹，尾色较淡，黄褐色较
多，胸及两胁纵纹较少且喉色较深。
　　虹膜深栗褐色；上喙蓝灰色，下喙偏粉色；脚
浅褐色。
　　生态习性：多隐藏于山坡林下的浓密棘丛中，
喜潮湿生境，常结成小群。
　　分布：中国繁殖于东北的林区，越冬于南方的
常绿林，暖冬年份偶在北方潮湿溪谷林地有越冬记
录，迁徙时可见于华东及沿海省份。国外见于西伯
利亚的邻近地区，偶尔见于缅甸北部及越南北部。

雄鸟/福建福州/高川

雄鸟/江西/曲利明

1796

雄鸟/北京/沈越

雄鸟（繁殖羽）/江西南昌/王揽华

栗耳鹀

Chestnut-eared Bunting

体长：16厘米
居留类型：夏候鸟、旅鸟、冬候鸟

　　特征描述：体型略大、头部和胸部图纹独特的鹀类。繁殖期雄鸟栗色耳羽与灰色顶冠及颈侧成显著对比，颈部斑纹独特，为黑色下颊纹下延至胸部与黑色纵纹形成的项纹相接，并与喉和其余部位的白色以及棕色胸带上的白色形成对比。雌鸟与非繁殖期雄鸟相似，色彩较淡，但颈部至胸部的斑纹较为稳定。似第一冬的圃鹀，区别在于耳羽和腰多棕色，尾侧多白色。繁殖于南方的个体比北方个体色深。
　　虹膜深褐色；上喙黑色具灰色边缘，下喙蓝灰色且基部粉红色；脚粉红色。
　　生态习性：具本属的典型特性，冬季成群。
　　分布：中国繁殖区为间断性分布，常见于东北、华中、西南及西藏东南部，不甚常见并繁殖于江苏南部、福建及江西，越冬于台湾岛及海南岛，迁徙途经华东大部地区。国外见于喜马拉雅山脉西段至蒙古东部及西伯利亚东部，越冬至朝鲜半岛、日本南部及中南半岛北部。

雄鸟（繁殖羽）/福建永泰/郑建平

雄鸟（繁殖羽）/内蒙古/张永

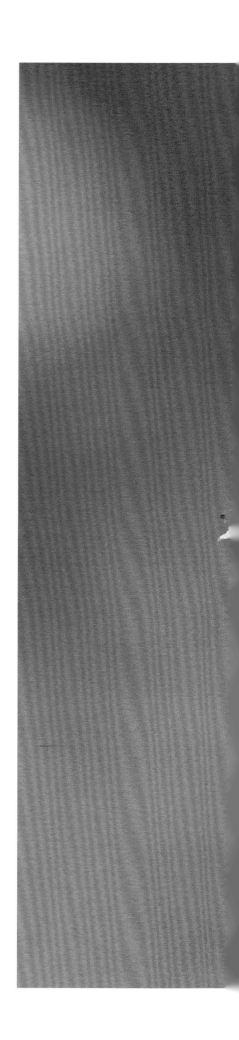

雄鸟（繁殖羽）/河北丰宁/孙驰

小鹀

Little Bunting

体长：13厘米
居留类型：旅鸟、冬候鸟

　　特征描述：体型较小、色彩单一而多纵纹的鹀类。雄雌同色，冬季雄雌鸟耳羽和顶冠纹均为暗栗色，颊纹及耳羽边缘灰黑色，眉纹及第二道下颊纹暗黄褐色，眼圈浅色，上体褐色而带深色纵纹，下体偏白色，胸和两胁有黑色纵纹。繁殖期成鸟脸前部染较多锈色。
　　虹膜深红褐色；喙灰色；脚红褐色。
　　生态习性：常与鹀类混群，隐藏于浓密植被或芦苇地里，也见于农田周围的草丛和灌丛中。
　　分布：中国迁徙时常见于东北、华北和东部各地，越冬于新疆极西部、华中、华东和华南的大部分地区，包括台湾岛。国外繁殖于欧洲极北部及亚洲北部，冬季南迁至印度东北部和东南亚。

北京野鸭湖/沈越

近繁殖期的小鹀脸部染锈色/重庆/张永

小鹀至水滨喝水（后为水鹨）/江西修水/王揽华

辽宁盘锦/张明

黄眉鹀
Yellow-browed Bunting

体长：15厘米　居留类型：旅鸟、冬候鸟

特征描述：体型略小、头部斑纹明显的鹀类。头具条纹，似白眉鹀但眉纹前半部黄色，翼斑色更白，腰部更显斑驳且尾色较重，下体色更白而多纵纹，其黑色下颊纹比白眉鹀明显，并分散而融入胸部纵纹中。与冬季灰头鹀的区别在于腰部棕色，头部多条纹且反差明显。

虹膜深褐色；喙粉色，喙峰及下喙端灰色；脚粉红色。

生态习性：栖息于有稀疏矮丛及棘丛的开阔地带，通常见于林缘的次生灌丛中，常与其他鹀类混群。

分布：越冬于中国南方，见于长江流域及南方沿海各省。国外繁殖于俄罗斯贝加尔湖以北。

雄鸟/陕西洋县/郭天成

雄鸟/北京/沈越

雌鸟/江西南昌/王揽华

雄鸟/福建武夷山/曲利明

田鹀
Rustic Bunting

体长：14.5厘米
居留类型：夏候鸟、旅鸟、冬候鸟

　　特征描述： 体型略小、色彩多暖褐色的鹀类。雌雄鸟均具短羽冠，雄鸟头具黑白色条纹，颈背、胸带、两胁底色自而具暖褐色纵纹，腹近白色，腰棕色。雌鸟和非繁殖期雄鸟相似，但深色斑纹以棕褐色为主，脸颊染皮黄色，后面通常具一近白色斑点。幼鸟纵纹密布。繁殖于东西伯利亚的亚种顶冠较指名亚种为黑，胸带及两胁纵纹红色较重。

　　虹膜深栗褐色；喙深灰色，基部粉灰色；脚偏粉色。

　　生态习性： 栖息于泰加林、石楠丛及沼泽地带，越冬于开阔地带、人工林地及公园。

　　分布： 中国常见于东部省份及新疆极西部，可能在黑龙江北部的泰加林区繁殖。国外繁殖于欧亚大陆北部的泰加林。

雄鸟（非繁殖羽，左下）与雌鸟（右上）在犁过的农田中觅食/北京/沈越

雄鸟（非繁殖羽）/江苏/张明

黄喉鹀
Yellow-throated Bunting

体长：15厘米　居留类型：夏候鸟、旅鸟、冬候鸟、留鸟

特征描述：中等体型、色彩鲜明的鹀类。雌雄均具短羽冠，雄鸟头部图纹鲜明，顶冠黑色，眉纹黄色并延伸至后枕侧翼，后枕中部棕褐色；颏黄色，喉白色，颈灰色。雌鸟似雄鸟但颜色较暗，褐色，皮黄色。雌鸟与田鹀的区别在于脸颊青褐色而无黑色边缘，且脸颊后边无浅色块斑。繁殖于南方的个体较北方个体羽色更深。

虹膜深栗褐色；喙近黑色；脚浅灰褐色。

生态习性：栖息于丘陵、山脊的干燥落叶林和混交林中，越冬在森林及次生灌丛中，常成对或单独活动。

分布：中国甚常见留鸟于中部至西南，繁殖于黑龙江北部、吉林、辽宁，越冬于东南地区和台湾岛。国外分布于朝鲜半岛及西伯利亚东南部。

雌鸟/北京/张明

雄鸟/陕西洋县/郭天成

雄鸟/辽宁/张明

1805

黄胸鹀
Yellow-breasted Bunting

保护级别：IUCN：易危
体长：15厘米
居留类型：夏候鸟、旅鸟、冬候鸟

　　特征描述：中等体型、色彩鲜艳的鹀类。繁殖期雄鸟顶冠和颈背栗色，脸和喉黑色，黄色的领环与黄色的胸腹部间隔有栗色胸带，翼角有显著的白色横斑。繁殖于中国东北的亚种额部多黑色，且颜色更深。非繁殖期雄鸟色淡，颏及喉黄色，仅耳羽黑而具杂斑。所有雄性个体均具特征性白色肩纹或斑块以及狭窄的白色翼斑，翼上白色斑块飞行时明显可见。雌鸟和亚成鸟顶纹浅沙色，两侧有深色的侧冠纹，几乎无下颊纹，眉纹浅淡呈皮黄色。

　　虹膜深栗褐色；喙上喙灰色，下喙粉褐色；脚淡褐色。

　　生态习性：越冬期间栖息于大面积的稻田、芦苇地或高草丛及湿润的荆棘丛中，结成大群并常与其他种类混群，因被作为"禾花雀"在南方市场大规模出售而在野外被大量捕杀，野外种群数量下降显著，需要加强保护。

　　分布：中国繁殖于新疆北部阿尔泰山和东北地区，迁徙纵贯全国各地，在台湾岛和海南岛等地越冬。国外繁殖于西伯利亚，越冬至东南亚。

雌鸟/香港/沈越

雄鸟（繁殖羽）/黑龙江/张永

雄鸟（繁殖羽）/黑龙江/张永

雄鸟（繁殖羽）/辽宁盘锦/张明

栗鹀
Chestnut Bunting

体长：15厘米
居留类型：夏候鸟、旅鸟、冬候鸟

　　特征描述：体型略小、具有栗色和黄色的鹀类。繁殖期雄鸟头部、上体及胸部栗红色，腹部明黄色。非繁殖期雄鸟体色较暗，头及胸部黄色。雌鸟顶冠、上背、胸及两胁具深色纵纹，染较多栗色。与雌性黄胸鹀及灰头鹀的区别为腰棕色，且无白色翼斑和尾部白色边缘。幼鸟纵纹更为浓密。

　　虹膜深栗褐色；喙偏褐色或角质蓝色；脚淡褐色。

　　生态习性：喜栖息于有低矮灌丛的开阔针叶林、混交林及落叶林，高可至海拔2500米地带，冬季见于林缘及农耕区，迁徙期间结群活动。

　　分布：中国繁殖于极东北部并可能见于长白山，迁徙时可能见于整个东半部地区，冬季甚常见于南方各省，包括台湾岛。国外繁殖于西伯利亚南部及外贝加尔泰加林的南部，越冬至东南亚。

雄鸟（非繁殖羽）/福建福州/曲利明

雄鸟（繁殖羽）/北京/沈越

雌鸟/北京/沈越

迁徙越冬期间，栗鹀常结群/雄鸟（左一、左二）雌鸟（右一）/福建福州/曲利明

藏鹀
Tibetan Bunting

保护级别： IUCN：近危
体长：16厘米
居留类型：留鸟

特征描述：体型略大并具长尾的鹀类。雄鸟头部图纹鲜明，繁殖期头黑色，白色的眉纹从鼻孔延至颈背，颈圈灰色，背栗色而腰灰色，额和眼先栗色，喉至上胸有白色胸兜，白色斑缘以黑色，形成黑色项纹，下体灰色而臀近白色，具白色横斑，飞羽黑色，羽缘色浅。雌鸟和非繁殖期雄鸟似繁殖期雄鸟，但体色较暗且无黑色项纹，背栗色而具黑色纵纹，喉褐色具纵纹，眉线色浅而长。

虹膜褐色；喙蓝黑色；脚橘黄色。

生态习性：栖息于海拔3600-4600米的青藏高原，喜林线以上的开阔而荒瘠的高山灌丛、矮小桧树丛、杜鹃丛及矮草地，冬季结小群活动。

分布：中国青藏高原东部地区的特有鸟种，分布在青海东南部和西藏东部。

雄鸟/青海/扎西桑俄

雄鸟/青海玉树/江明亮

黑头鹀

Black-headed Bunting

体长：17厘米　　居留类型：夏候鸟、冬候鸟

特征描述：体型略大、全身褐色或间以黄色的鹀类。与褐头鹀亲缘关系很近。喙较大，雌雄鸟均少眉纹，具两道近白色的翼斑，下体及臀黄色而无纵纹。繁殖期雄鸟头黑色，但冬季色较暗，背部近褐色而带黑色纵纹，腰部有时沾棕色，下体明黄色而无纵纹，并具黄色的半领环。雌鸟与亚成鸟黄褐色，上体具深色纵纹，下体仅上胸及胁部靠上位置有细纵纹。亚成鸟野外与褐头鹀难区分。雌鸟与除褐头鹀雌鸟之外的所有鹀类雌鸟的区别在于色彩单一，尾下覆羽黄色，尾无白色。与褐头鹀区别在于喙较大但不尖。

虹膜深褐色；喙灰色；脚浅褐色。

生态习性：栖息于有稀疏矮树的旷野中。

分布：中国有迁徙鸟记录见于新疆西部的天山，偶有冬候鸟记录见于福建、香港和云南。国外繁殖于地中海东部至中亚，越冬在印度，偶有记录见于泰国、日本及婆罗洲等地。

雄鸟（非繁殖羽）/云南那邦/沈越

褐头鹀
Red-headed Bunting

体长：16厘米
居留类型：夏候鸟、迷鸟

　　特征描述：体型略大、偏黄色或染棕褐色的鹀。头上无条纹，成年雄鸟特征显著，头及胸部栗色，与颈圈及腹部的艳黄色形成对比，上背灰绿色并有深色羽轴，腰黄色，两翼灰色，飞羽和覆羽均有宽的白边，尾羽棕灰色。部分雄鸟有较少的栗色，非繁殖期雄鸟体色较暗。雌鸟上体浅沙黄色，下体浅黄色，头顶和上背具偏黑色纵纹。与黑头鹀雌鸟的区别为腰和臀部黄色，翼羽羽缘皮黄色而非白色。幼鸟灰色较重，纵纹浓密且延伸至胸部。

　　虹膜深褐色；喙近灰色，喙端深色；脚粉褐色。

　　生态习性：栖息于有灌丛或矮树的开阔干旱平原上。

　　分布：在中国见于新疆，繁殖于阿尔泰山、天山及新疆极西部，偶有记录见于其他地区。国外分布于中亚，越冬至印度。

雄鸟/新疆阿勒泰/张国强

雄鸟/新疆石河子/徐捷

雄鸟/新疆阿勒泰/沈越

雌鸟/新疆阿勒泰/张国强

硫黄鹀
Yellow Bunting

体长：14厘米　居留类型：旅鸟、冬候鸟

特征描述：体型较小、身体偏黄绿色而纵纹斑驳的鹀类。头偏绿色，眼先及颏近黑色，白色眼圈显著，具两道粗显的白色翼斑，两胁有模糊的黑色纵纹。繁殖期雄鸟与灰头鹀雄鸟的区别为头色不同，且喉与胸之间无对比。雌鸟和非繁殖期雄鸟与灰头鹀的区别在于无眉线，胸部较少纵纹，下颊纹不显著且喙为单色。与黄雀的区别为喙和尾均较长，腰色暗，外侧尾羽白色。

虹膜深褐色；喙灰色；脚粉褐色。

生态习性：喜山麓的落叶林、混交林及次生植被，甚至农田。

分布：中国在香港越冬，也有记录见于福建和台湾岛，迁徙时偶见于东南沿海地区。国外繁殖于日本，越冬在菲律宾。

雌鸟/福建莆田/曲利明

雌鸟/福建莆田/曲利明

雄鸟/福建永泰/白文胜

雄鸟/福建永泰/郑建平

雄鸟/福建永泰/郑建平

灰头鹀
Black-faced Bunting

体长：14厘米　居留类型：夏候鸟、旅鸟、冬候鸟

特征描述：体型较小、身体灰黄色或染黑色的鹀。亚种甚多，指名亚种繁殖期雄鸟的头、颈背及喉部灰色而无条纹，眼先及颏黑色，上体余部浓栗色并具明显的黑色纵纹；下体浅黄色或近白色，肩部具一白色斑，尾色深并带白色边缘。雌鸟和冬季雄鸟头橄榄色，过眼纹及耳覆羽下的月牙斑黄色。冬季雄鸟与硫黄鹀雄鸟的区别在于无黑色眼先。亚种*sordida*及*personata*头部较指名亚种多绿灰色，*personata*的上胸及喉黄色。

虹膜深栗褐色；上喙近黑色并具浅色边缘，下喙偏粉色且喙端深色；脚粉褐色。

生态习性：越冬于芦苇地、灌丛及林缘，在森林、林地及灌丛的地面取食，不断地弹尾以显露外侧尾羽的白色羽缘。

分布：中国指名亚种繁殖于东北，越冬在南方，包括海南岛和台湾岛；亚种*personata*偶见越冬于华东及华南沿海附近；亚种*sordida*繁殖于青海东部、甘肃、陕西南部、四川、云南北部、贵州、湖北，越冬至华东、华南各省以及台湾岛。国外繁殖于西伯利亚、日本。

雄鸟（*personata*亚种）/黑龙江/张永

雄鸟（指名亚种）/福建福州/高川

雄鸟（指名亚种）/福建福州/曲利明

雄鸟（指名亚种）/辽宁/张明

雄鸟（指名亚种）/江西南昌/王揽华

苇鹀

Pallas's Bunting

体长：14厘米　　居留类型：夏候鸟、旅鸟、冬候鸟

特征描述：体型较小身体浅色的鹀类。繁殖期雄鸟头顶黑色，脸部浓黑色，白色髭纹将其与黑色的颏部和上胸隔开，颈圈白色而下体灰色，上体具灰色和黑色的横斑。似芦鹀但略小，上体几乎无褐色或棕色，小覆羽蓝灰色而非棕色和白色，翼斑较明显。雌鸟和非繁殖期雄鸟及幼鸟均为浅沙皮黄色，且头顶、上背、胸及两胁具深色纵纹。耳羽不如芦鹀或红颈苇鹀色深，灰色的小覆羽有别于芦鹀，上喙形直而非凸形，尾较长。

虹膜深栗色；喙灰黑色；脚粉褐色。

生态习性：越冬期间结小群或单只活动于近水高草丛，尤其是芦苇地中。

分布：中国冬季见于西北至甘肃、陕西北部，以及从辽宁直至广东的东部沿海广大范围，可能繁殖于西部的阿尔泰山、东北的呼伦池和黑龙江北部以及其他高寒地区。国外片段性分布于俄罗斯西伯利亚苔原冻土带、西伯利亚南部及蒙古北部的干旱平原，冬季南迁。

雌鸟/北京/沈越

雄鸟（正在褪色的繁殖羽）/辽宁盘锦/张明

非繁殖羽/北京/张永

非繁殖羽/北京/张永

非繁殖羽/北京/张永

红颈苇鹀

Ochre-rumped Bunting

体长：15厘米
居留类型：夏候鸟、旅鸟、冬候鸟

　　特征描述：体型略小羽色较深的鹀类。繁殖期雄鸟头黑色，似芦鹀和苇鹀雄鸟，但无白色的下髭纹，腰及颈背棕色。繁殖期雌鸟似雄鸟，头部斑纹似芦鹀雌鸟，但下体较少纵纹且色淡，颈背粉棕色，头顶及耳羽色较深。非繁殖期雄鸟似雌鸟，但喉色较深。

　　虹膜深栗色；喙近黑色；脚偏粉色。

　　生态习性：栖息于芦苇地、有矮灌丛的沼泽地以及湿润草甸里，越冬在沿海沼泽地带。

　　分布：中国繁殖于东北的哈尔滨、齐齐哈尔及兴凯湖区，越冬于江苏、福建沿海，迁徙时见于辽宁、河北及山东，偶有记录见于香港。国外繁殖于日本和西伯利亚的极东南部，往南至日本沿海和朝鲜半岛越冬。

雌鸟（冬羽）/北京/张永

雄鸟（繁殖羽）/黑龙江大庆/张建国

1820

芦鹀
Reed Bunting

体长：15厘米　　居留类型：夏候鸟、冬候鸟、留鸟

特征描述：体型略小的鹀类。喙较苇鹀厚，且上喙凸形。雄鸟繁殖期头黑色，具显著的白色下髭纹。似苇鹀雄鸟，但上体多棕色。雌鸟和非繁殖期雄鸟头部的黑色多消失，头顶和耳羽具杂斑，眉线皮黄色，与苇鹀雌鸟的区别在于小覆羽棕色而非灰色。

虹膜栗褐色；喙黑色；脚深褐色至粉褐色。

生态习性：栖息于高芦苇地，但冬季也在林地、田野及开阔原野取食。

分布：中国常见繁殖于新疆极西部喀什和东部哈密，内蒙古东部额尔古纳河流域以及黑龙江中部和西部，越冬于黄河上游、甘肃西北部以及东部沿海一带；亚种*zaidamensis*全年留居于青海柴达木盆地。国外广泛分布于古北界。

头部已褪色的雄鸟/新疆/王尧天

头部已褪色的雄鸟/新疆/王尧天

雌鸟/新疆吉木萨尔/邢睿

铁爪鹀

Lapland Longspur

体长：16厘米
居留类型：冬候鸟

　　特征描述：中等体型且体格敦实的鹀类。头胸黑色，头大而尾短，喙短厚有力，翅甚长，后趾及爪甚长。繁殖期雄鸟头顶、脸和胸黑色，颈背棕色，头侧具白色的"之"字形斑纹。雌鸟颈背及大覆羽边缘棕色，侧冠纹色略黑，眉线及耳羽中心部位色浅。非繁殖期成鸟和幼鸟顶冠具细纹，眉线皮黄色，大覆羽、次级飞羽及三级飞羽羽缘为亮棕色。

　　虹膜栗褐色；喙黄色，喙端深色；脚深褐色。

　　生态习性：喜停栖于地面或砾石滩以及极矮草地，迁徙越冬期间群栖，常与各种云雀混群，于地面奔跑、行走或跳动，习性似百灵。

　　分布：中国冬季有少量见于北纬30°－40°沿海的裸露草甸和长江两岸，在北京周边开阔草地于某些年份也相当常见，可能在新疆阿尔泰山也有分布，迁徙时见于东北的开阔地区，越冬往南至甘肃及青海东部。国外繁殖于北极区的苔原冻土带，越冬至南方的草地及沿海地区。

冬季，铁爪鹀常在水滨开阔地带活动，通常成群/冬羽/新疆阿勒泰/张国强

极长的飞羽和深色而甚长的后趾令铁爪鹀不同于其他的鹀/冬羽/北京野鸭湖/沈越

雪鹀
Snow Bunting

体长：17厘米　居留类型：冬候鸟

特征描述：体型较大、翅甚长的黑白色鹀类。体格矮而敦实，喙黑色。繁殖期雄鸟特征明显，白色的头、下体及翼斑与其余的黑色体羽形成鲜明对比。雌鸟羽色对比不强烈，头顶、脸颊及颈背具近灰色纵纹，胸具橙褐色纵纹。

虹膜色深；喙黑色；脚黑色。

生态习性：栖息于光裸地面，冬季群栖，一般不与其他鸟类混群，常快步疾走但也作并足跳行。

分布：中国越冬于新疆天山、阿尔泰山、内蒙古东部及黑龙江北部，偶见于河北。国外繁殖于北极区苔原冻土带及海岸陡崖，越冬南迁至大约北纬50°。

雄鸟（左）雌鸟（右）/黑龙江/张永　　　　　　　　　　　　　　　　　　　　　　黑龙江/张永

雪鹀的体色使其能很好地融入北方冰天雪地的背景/黑龙江/张永

BirdLife International. 2001. Threatened birds of Asia: the BirdLife International Red Data Book. BirdLife International, Cambridge.

Brazil, M. 2009. Birds of East Asia (Helm Field Guides). Christopher Helm Publishers Ltd, London.

Cheng, T-H. 1987. A Synopsis of the Avifauna of China. Beijing: Science Press, Beijing.

Clements, J.F., Schulenberg, T.S., Iliff, M.J., Sullivan, B.L., Wood, C.L. 2010. The Clements Checklist of Birds of the World: version 6.5. Downloaded from http://www.birds.cornell.edu/clementschecklist/Clements%206.5.xls/view.

del Hoyo, J., Elliot, A., Sargatal, J., eds. 1992, 1994, 1996, 1997, 1999, 2001-2011. Handbook of the Birds of the World. Volume 1-16. Lynx Edicions, Barcelona.

Gill, F., and Donsker, D., eds. 2012. IOC World Bird Names (version 3.2). Available at http://www.worldbirdnames.org/ [Accessed data: 24/12/2012].

刘小如，丁宗苏，方伟宏，林文宏，蔡牧起，颜重威. 台湾鸟类志（上、中、下）. 台北：台湾"行政院"农业委员会林务局，2010.

约翰·马敬能，卡伦·菲利普斯著，何芬奇译. 中国鸟类野外手册. 长沙：湖南教育出版社，2000.

赵正阶. 中国鸟类志（上、下卷）. 长春：吉林科学技术出版社，2001.

郑光美主编. 中国鸟类分类与分布名录. 北京：科学出版社，2002.

郑光美主编. 中国鸟类分类与分布名录（第二版）. 北京：科学出版社，2011.

郑作新. 中国鸟类种和亚种分类名录大全（第二版）. 北京：科学出版社，2000.

郑作新. 中国鸟类系统检索表（第三版）. 北京：科学出版社，2002.